非線形光学入門

筑波大学教授
理学博士

服部利明 著

裳華房

INTRODUCTION TO NONLINEAR OPTICS

by

Toshiaki HATTORI, DR. SC.

SHOKABO

TOKYO

JCOPY 〈出版者著作権管理機構 委託出版物〉

まえがき

　この本は，非線形光学の基礎について記したものである．物質に強い光が照射されると，弱い光に対するのとは違った仕方で物質が応答する．「非線形光学」とは，そのような物質の応答の仕方や，そのような応答が原因となって引き起こされるいろいろな現象について，扱う学問分野である．

　ここでいう「強い光」とは，事実上，強力なレーザー光のことである．強力なレーザー光によって引き起こされる現象として，まず思い浮かぶのは，強い光を見て失明する，ミサイルを打ち落とす，各種の材料を切断する，レーザーメスで生体組織を切断する，といったところであろうか．あるいは，レーザーアブレーション，レーザー核融合などを思い浮かべる読者もいるかもしれない．これらは，どれもレーザー光によって引き起こされる現象として重要なものである．しかし，そこで起きている現象はそれぞれ非常に複雑であり，そのままの形で本書で取り上げることはできない．本書のような非線形光学の入門書では，強力なレーザー光の下で起きている一連の現象のうちの初めの部分を，「非線形分極」という形で統一的に，そしてある程度微視的な観点で扱う．また，そのような扱いから直接的に理解できる各種の現象についても議論することとなる．

　このように対象を限っても，「非線形光学」で扱われるテーマは，非常に多岐に亘るし，その入門書もいろいろな書き方が可能である．本書では，以下のような方針に基づいて，基本的な事柄に重点をおいて記述することとした．つまり，（ⅰ）厳密な議論は後回しにし，初学者が基本的な概念を早く理解できるようにする，（ⅱ）量子力学を使わない，（ⅲ）定量的な議論ができるようにし，式の導出を丁寧に行う，である．

　簡単な入門書は別にして，ある程度体系的に非線形光学を論じようとする

と，非線形感受率テンソルの厳密な定義と表式，また対称性などに関する一般的な議論が欠かせないが，このような記述は初学者には退屈であり，非線形光学のエッセンスを理解するためには必ずしも必要でない．そこで本書では，そのような厳密な議論は必要に応じて行うこととし，また非線形感受率の一般的な定義については最後の章 (5.1 節) で記述することとした．読者が読み進むうちに，これらの事項について自然に理解していくことを目指して書かれている．

物質の光に対する応答の仕方を完全に理解するためには，量子力学が必要であり，非線形な応答に関しても然りである．非線形光学の分野では，研究が始められた時点から非線形応答の微視的な記述に重点がおかれてきたので，量子力学に基づく表式が教科書などで多用されている．しかし近年，非線形光学の応用分野は急速に広がってきており，量子力学のバックグラウンドをあまりしっかりと持っていない多くの学生・技術者・研究者にも，非線形光学の体系的な理解が求められるようになってきたと感じている．そのことが，筆者が本書を執筆しようと思い立った最大の動機でもあった．そこで本書では，非線形分極の発現機構の説明には，量子力学的な基本方程式に基づく一般的な記述は行わず，古典物理学による現象論的記述のみを用いることとした．具体的には，2 次の非線形性に関する非調和振動子模型と，誘導ラマン散乱に関する記述が，これに当る．ただしエネルギー準位や光子の概念は，読者が現象を理解するための助けになるので，敢えて用いるようにしている．

非線形光学の分野で体験する大きな困難の一つは，非線形感受率や非線形光学係数などの定量性の問題である．これらの量は，直接的な測定がかなり困難なので，他の文献で報告されている値と比較することが必要になる場合が多い．ところが，そこで用いられている定義や単位系が，必ずしも統一されていない場合が多く，それに伴う混乱と困難が生じることがある．そこで本書では，なるべく基礎的なところから式を導出し，重ねて係数まで含めた

式を用いるようにすることで,そのような混乱を回避できるようにした.なお,一部に式の導出の説明をいくらか省略した箇所があるが,読者が自分で導出することも可能であろう.さらに,読者にとって有用な式であって,その導出が本書の範囲を超えている場合に限って,結果の式のみを記した箇所が何箇所かある.また,非線形感受率などの異なる定義や,異なる単位系(SI単位系とCGS静電単位系)の間の比較について付録に記すことで,読者の便宜を図った.これらの定量的な表式やその導出に関する記述は,初学者のみならず,現役の研究者・技術者にも必ず役立つものであるはずである.

非線形光学で扱われる事項の理解に必要な,線形光学・偏光や結晶光学などに関する基本的事項を付録にまとめて記述した.これにより,他の文献を参照せずに,本書の内容が理解できるようにすると共に,より応用的な場面でも読者が随時利用できるようにした.

ここで本書で用いる表記法について述べておこう.本書では,角周波数ω,波数ベクトル$\boldsymbol{k}$の光電場を

$$E(\boldsymbol{r},t) = \frac{1}{2}E^{(\omega)}\exp[i(\boldsymbol{k}\cdot\boldsymbol{r} - \omega t)] + \text{c.c.}$$

のように表す.右辺のc.c.は,前の項の複素共役を表す.ここでポイントは3つある.一つ目は,初めの因子$1/2$である.上式は,$E^{(\omega)}$を振動電場の振幅(より一般的には複素振幅)とした場合の表式であり,広く用いられているが,因子$1/2$を除いた表式も一部で用いられている.どちらを用いるかで非線形分極の表式に違いが出るので,注意が必要である.二つ目は,角周波数ωの電場成分の複素振幅を$E^{(\omega)}$で表すことである.同じ意味で$E(\omega)$の表式を用いることが広く行われているが,本書では,この$E(\omega)$は$E(t)$のフーリエ変換を表すために取っておくこととした.最後に,指数関数の指数$i(\boldsymbol{k}\cdot\boldsymbol{r} - \omega t)$の符号である.この正負を逆にしても式としては成り立つが,そうすると,複素数の光学定数(誘電率,感受率,屈折率など)の虚部の符号が逆になるので,どちらかに統一することが必要である.本書では,主に物

理学の分野で多く用いられている上式のような表記を使用する．そして本書で用いる単位は，基本的には国際単位系である MKSA 単位系に基づくものとし，一部，実用的な単位系も必要に応じて用いる．

　ここで，本書での「周波数」と「角周波数」の使い分けについて，ひとこと述べる．光電場の振動の速さを表すのに，どちらの量を用いることもできるが，数式などの定量的な表現の中では，もっぱら角周波数を用いている．角周波数を表す記号としては ω，ω_1 などを用いる．それに対応して，文中でも「角周波数成分」などの言葉を用いる．それに対し，より一般的・概念的な記述をする場合には，単に「周波数」という言葉も用いている．「周波数変換」，「周波数成分」などの用語も同様に用いる．すべてを「角周波数」といいかえることもできるが，「角周波数変換」のような表現は一般的でないので，無理に統一することはしなかった．「和周波」や「差周波」の場合も同様である．結果として，一つの文脈の中で両方の表現が用いられている場合もあるが，他意はなく，同じものを指している．

　本書は入門書であるので，基礎的な事項から始めて，だんだんと進んだ概念を導入するように記述している．なるべく初めから順に読んでほしい．しかし，第 2 章以降は，章あるいは節ごとに独立に理解できるような記述を心掛け，必要に応じて他の箇所を参照できるようにした．授業などの教材として用いる場合も，いくつかの節を抜き出して用いることが可能なので，それぞれ工夫して用いてほしい．より進んだ内容や，実用的なケースについては，大胆に削らざるを得なかった．それらについては，本書で基本的な考え方を学んだのち，より専門的な書籍や論文で学んでいただきたい．なお，本書を執筆するに当たり参考にした文献や，その他の一般的な非線形光学の教科書を巻末に挙げたので参考にしてほしい．

　本書の未完成の原稿を読んで貴重なご意見を下さった，鶴町徳昭氏と筑波大学の研究室の学生諸君に感謝する．裳華房編集部の小野達也氏と石黒浩之氏は，原稿を丹念に読んで下さり，言葉づかいや表記の問題点，意味の取り

にくい箇所，式の導出が唐突な箇所，読みにくい点などを，事細かに指摘して下さった．そのおかげで，ずいぶん文章が読みやすくなり，本書のクオリティが格段に上がったと思う．両氏に感謝する．

2009 年 8 月

服 部 利 明

目 次

第1章 非線形光学現象と非線形感受率

1.1 非線形光学現象 ・・・・・・1
  1.1.1 周波数変換と光による物性制御 ・・・・4
  1.1.2 多光子吸収 ・・・・・・5
1.2 非線形光学効果の大きさ ・・7
1.3 共鳴と位相整合 ・・・・・・8
1.4 非線形感受率 ・・・・・・・9
1.5 媒質の対称性と非線形光学効果 ・・・・・・・・・・10
1.6 2次の非線形分極 ・・・11
1.7 3次の非線形分極 ・・・14
1.8 伝搬方程式と位相整合 ・・・16
章末問題 ・・・・・・・・22

第2章 2次の非線形光学効果

2.1 2次の非線形光学過程 ・・・24
2.2 2次の非線形感受率と非線形光学係数 ・・・26
2.3 非調和振動子模型 ・・・28
2.4 非線形光学係数テンソル ・・35
2.5 非線形光学結晶と対称性 ・・38
2.6 第2高調波発生 ・・・・41
  2.6.1 伝搬方程式 ・・・・42
  2.6.2 位相整合 ・・・・・44
  2.6.3 結合方程式 ・・・・51
  2.6.4 格子描像 ・・・・・54
  2.6.5 擬位相整合 ・・・・55
  2.6.6 集光した光による第2高調波発生 ・・・59
2.7 3光波混合 ・・・・・・・61
2.8 光パラメトリック過程 ・・・65
2.9 電気光学効果 ・・・・・68
  2.9.1 KDPの場合 ・・・・74
  2.9.2 光の変調 ・・・・・75
2.10 テラヘルツ波の発生と検出 ・・・・・・・・・・77
  2.10.1 ポラリトン ・・・・78
  2.10.2 非調和振動子模型とミラー則 ・・・・81
  2.10.3 光整流によるテラヘルツ波発生 ・・・・・・・85
  2.10.4 位相整合 ・・・・・86
  2.10.5 電気光学サンプリング ・・・・・・・・・88
参考文献 ・・・・・・・・91
章末問題 ・・・・・・・・92

第3章 3次の非線形光学効果

- 3.1 3次の非線形光学現象と4光波混合 ……93
- 3.2 3次の非線形分極 ……95
- 3.3 光強度に依存する光学定数 ……99
- 3.4 光カー効果 ……101
  - 3.4.1 非線形屈折率と非線形感受率 ……101
  - 3.4.2 非線形屈折率によって生じる現象 ……106
  - 3.4.3 光カーシャッターと偏光測定 ……108
  - 3.4.4 光学的ヘテロダイン検出 ……112
  - 3.4.5 熱的非線形性 ……116
- 3.5 吸収飽和 ……117
- 3.6 2光子吸収 ……119
- 3.7 過渡的回折格子 ……120
- 3.8 フォトリフラクティブ効果 ……121
- 3.9 位相共役波発生 ……123
- 3.10 z-スキャン ……125
- 参考文献 ……128
- 章末問題 ……129

第4章 誘導ラマン散乱

- 4.1 線形ラマン散乱 ……130
- 4.2 誘導ラマン過程 ……135
- 4.3 非線形感受率 ……139
  - 4.3.1 非線形性の起源と感受率の対称性 ……141
  - 4.3.2 非線形感受率テンソル ……142
- 4.4 各種のコヒーレント・ラマン散乱現象 ……144
- 4.5 コヒーレント反ストークス・ラマン散乱 ……145
  - 4.5.1 位相整合 ……147
  - 4.5.2 スペクトル ……149
  - 4.5.3 コヒーレント・ストークス・ラマン散乱 ……150
- 4.6 誘導ラマン利得と誘導ラマン散乱 ……151
- 4.7 ラマン誘起カー効果 ……156
- 参考文献 ……161
- 章末問題 ……161

第5章 非線形光学過程の一般論

- 5.1 一般的な非線形感受率の定義 ……163
  - 5.1.1 線形感受率 ……163
  - 5.1.2 2次の非線形感受率 ……165

5.1.3　n 次の非線形感受率 ‥167	局所場効果　‥‥‥170
5.1.4　超分極率　‥‥‥168	5.3　n 次の非線形光学現象　‥172
5.2　局所場効果　‥‥‥168	5.4　高次高調波発生　‥‥173
5.2.1　線形光学における	参考文献　‥‥‥‥‥175
局所場効果　‥‥168	章末問題　‥‥‥‥‥175
5.2.2　非線形光学における	

付録A　テンソル　‥‥‥‥‥‥‥‥‥‥‥178
付録B　マクスウェル方程式と線形光学　‥‥‥‥‥185
付録C　偏光とジョーンズベクトル　‥‥‥‥‥202
付録D　結晶光学　‥‥‥‥‥‥‥‥‥‥‥210
付録E　ガウス単位系と静電単位　‥‥‥‥‥‥221
付録F　非線形感受率のさまざまな定義　‥‥‥‥‥224
非線形光学関連の知識をより深く学びたい読者のために　‥‥‥‥226
章末問題解答　‥‥‥‥‥‥‥‥‥‥‥228
索引　‥‥‥‥‥‥‥‥‥‥‥‥‥‥‥232

コラム

レーザーと非線形光学　‥‥‥‥‥‥‥22
消えたスポット　‥‥‥‥‥‥‥‥50
見えないものを見る非線形光学　‥‥‥‥‥60
光パルスと非線形光学　‥‥‥‥‥‥‥127
非線形分光学　‥‥‥‥‥‥‥‥‥160
アト秒パルス　‥‥‥‥‥‥‥‥‥174

第1章

非線形光学現象と非線形感受率

　この章では,「非線形光学現象」とはどのようなものであるかを初めに簡単に述べ,さらに,非線形分極や非線形感受率など,いくつかの重要な概念について,簡単に紹介する.その後,非線形光学における基本的な方程式である伝搬方程式を導出し,それを用いて,非線形光学の分野を貫く重要な概念である,位相整合について述べる.

1.1　非線形光学現象

　レーザーの出現によって,時間的・空間的に光のエネルギーを集中させることが可能になり,その結果,弱い光では生じなかったさまざまな現象が観測されるようになった.レーザー出現以前に知られていた,弱い光によって起こる,直進,反射,屈折,回折,干渉,吸収,発光,散乱といったさまざまな光学現象は,すべて**線形光学現象**(linear optical phenomena)と呼ばれ,これらを扱う光学の分野を**線形光学**(linear optics)という.ここで線形であるとは,光に対する物質の応答が線形,すなわち光電場 E に比例しているということを意味している.

　光に対する物質の応答は,具体的には**分極**(polarization)P として現れる.

分極とは，光電場によって物質中に生じる電気双極子モーメント（electric dipole moment）の単位体積当りの密度である．したがって，線形光学現象はすべて，分極が光電場に比例することを表す式

$$P = \varepsilon_0 \chi E \tag{1.1}$$

を基礎として成り立っている．ここで，ε_0 は真空の誘電率であり，χ はその媒質の**電気感受率**（electric susceptibility），あるいは単に**感受率**と呼ばれる．電磁気学において，電束密度 D が電場 E に比例するという関係

$$D = \varepsilon E \tag{1.2}$$

を習ったことであろう．これも電場が小さいときにのみ成り立つ線形な関係である．ここで ε は，媒質の誘電率（permittivity）である．

　顕微鏡や望遠鏡などの結像現象を利用した光学機器，測距などの計測装置，回折現象を利用した分光計，干渉計などは，ほとんどすべて線形光学の範囲の現象を元にしている．また，物質の性質を光のスペクトルを用いて調べる分光学（spectroscopy）も，多くの場合，線形光学現象のみを用いている．なお，線形光学の範囲で成り立ついろいろな性質や，本書の内容を理解する上で必要となる基礎的な概念については，付録Bに記したので，必要に応じて参照してほしい．

　しかし，上で述べた比例関係は，実は光電場が小さいときに近似的に成り立つ関係に過ぎない．物質を構成している分子や原子は原子核と電子から成り立っている．光電場の下で，それらの分子・原子がつくる電気双極子モーメントの大きさは，一般には電場に比例しない．特に光電場が大きいときにその効果が顕著に現れ，

$$P \not\propto E \tag{1.3}$$

となる．このように，物質の応答が光電場に比例しないことによって生じるさまざまな現象を，非線形光学現象（nonlinear optical phenomena）という．非線形光学現象を扱う光学の分野が，**非線形光学**（nonlinear optics）である．

　なおここで，「非線形光学効果」と「非線形光学過程」という二つの言葉に

ついても，合わせて述べておこう．「非線形光学効果」とは，分極が電場に対して線形な関係からずれること，そのずれ方，また屈折率が光強度に依存したり，入射光と異なる周波数の光が生じたりするなど，線形光学の範囲で起きることからのずれを表す．一方，「非線形光学過程」とは，和周波発生，光波混合など，非線形光学効果によって生じる，特定のひとつながりの過程を指す．それらに対して，「非線形光学現象」とは，一つまたは一連の非線形光学効果や非線形光学過程によって生じる現象すべてを指して用いられる．

非線形光学現象においては，物質中の分極が光電場に比例しないというわけであるが，「比例しない」結果，どのような応答を示すかは，さまざまな場合があり得る．したがって，その結果生じる現象は，線形光学現象に比べてはるかに幅広く多彩である．ただし，「非線形光学」という学問分野としては，分極の非線形性を中心として，これから直接的に生じる現象を主に扱い，それから派生的に生じる物質固有のさまざまな現象については，それぞれの研究分野に委ねられている．

「非線形光学」の具体的な内容については，次項以降に具体的に記すことにするが，その応用範囲について簡単に述べておく．図1.1に示すように，非

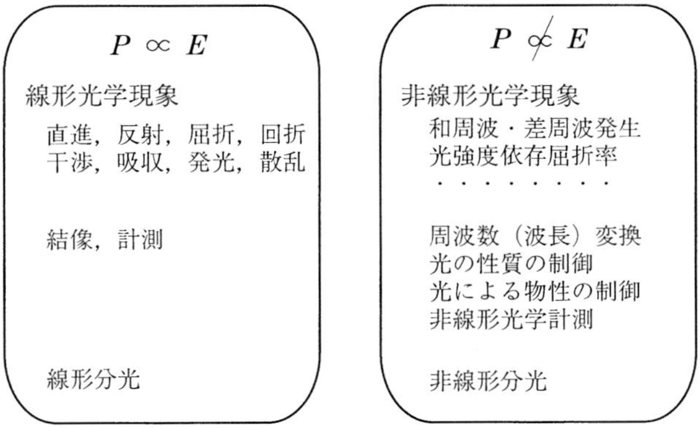

$P \propto E$

線形光学現象
　直進，反射，屈折，回折
　干渉，吸収，発光，散乱

　結像，計測

線形分光

$P \not\propto E$

非線形光学現象
　和周波・差周波発生
　光強度依存屈折率
　‥‥‥‥

　周波数（波長）変換
　光の性質の制御
　光による物性の制御
　非線形光学計測

非線形分光

図1.1　線形光学と非線形光学の世界

線形光学現象を利用することにより,光の周波数(波長)を変換したり,光のその他の性質を制御したり,また光を用いて物質の性質を制御したりすることができる.さらに,そのような現象を応用することで,各種の非線形光学計測や非線形分光が行われ,線形光学のみでは得られないさまざまな情報が得られる.

1.1.1 周波数変換と光による物性制御

線形光学の範囲では,光照射により物質中に生じる分極は,入射光の電場と同じ周波数で振動する.それに対して物質が非線形な応答を示すと,分極には入射光と異なる周波数成分が生じ,それにより,入射光とは異なる周波数の光が発生する.

いま,

$$P(t) \propto [E(t)]^2 \tag{1.4}$$

のように,分極が光電場の2乗に比例するとし,光は

$$E(t) = E_1 \cos \omega_1 t + E_2 \cos \omega_2 t \tag{1.5}$$

のように2つの周波数成分から成るとする.ただしここでは簡単のために,分極や電場はスカラーとした.すると分極は,

$$\begin{aligned} P(t) &\propto E_1^2 \cos^2 \omega_1 t + E_2^2 \cos^2 \omega_2 t + 2E_1 E_2 \cos \omega_1 t \cos \omega_2 t \\ &= \frac{E_1^2}{2}(1 + \cos 2\omega_1 t) + \frac{E_2^2}{2}(1 + \cos 2\omega_2 t) \\ &\quad + E_1 E_2 [\cos(\omega_1 + \omega_2)t + \cos(\omega_1 - \omega_2)t] \end{aligned} \tag{1.6}$$

と表される.これより,分極は,$2\omega_1, 2\omega_2$ といった入射光の2倍の角周波数の成分や,和周波 ($\omega_1 + \omega_2$),差周波 ($\omega_1 - \omega_2$) の角周波数の成分を持つことがわかる.これらの角周波数を持つ分極成分からは,それぞれの分極成分のもつ角周波数と同じ角周波数の電磁波が放出されるので,結果として光の周波数が変換されることになる.入射光の2倍の周波数が発生する現象を

第 2 高調波発生(second harmonic generation)といい，**和周波発生**(sum frequency generation)や**差周波発生**(difference frequency generation)と合わせて，これらの現象を**光波混合**(optical wave mixing)と呼ぶ．これらはどれも，2次の非線形光学現象であり，詳しくは第2章で述べることとする．

強い光を物質に照射することにより，物質の屈折率や吸収係数といった物質の光学的性質が変化することがある．そのような現象は，

$$P = \varepsilon_0 \chi(E) E \tag{1.7}$$

のように，物質の感受率が光電場に依存すると見なすことによって理解できる．光電場と分極との間の比例関係を表す比例定数である感受率 χ が，電場の大きさに依存するということは，比例関係が崩れていることになるので，このような現象は非線形光学の領域にある．

これらの現象は，主に3次の非線形光学現象であり，第3章で詳しく述べる．光スイッチ，光メモリー，光コンピューティングなどの機能は，このような現象を元にして実現される．また，光によって光の性質を変調することができる．「変調」とは，外部からの操作によって光の振幅，位相，周波数，偏光などを変化させることであり，それにより光に情報を載せて通信に用いたり，新しい性質を持った光をつくり出したりすることができる．

ただし，静電場によって物質の光学的性質が変化する電気光学効果は，2次の非線形光学現象（1次の電気光学効果の場合）であり，これについては第2章で述べる．

1.1.2 多光子吸収

まずは光が弱い場合について考える．物質の基底状態と励起状態とのエネルギー差に等しい（「共鳴する」という）光子エネルギー $\hbar\omega$ を持つ弱い光が，その物質に入射すると，図1.2 (a) のように光吸収が起き，光子1個分の光のエネルギーが物質に与えられる．ここで $h = 2\pi\hbar$ はプランク定数 (Planck constant)，ω は光の角周波数である．この過程は線形光学現象であ

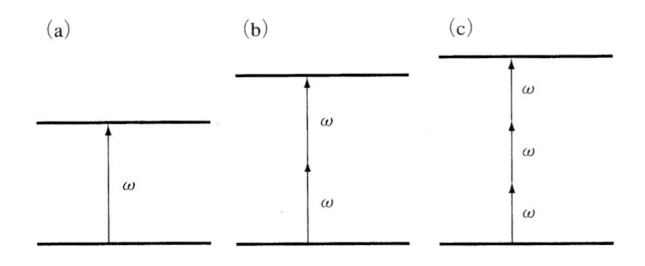

図 1.2 多光子吸収遷移のエネルギー準位図.
(a) 1 光子吸収, (b) 2 光子吸収, (c) 3 光子吸収.

り,以下に述べる非線形光学的な光吸収過程と区別するために,1 光子吸収 (one-photon absorption) と呼ばれることもある.なお,図 1.2 のようなエネルギー準位図を本書では多用するが,これは光学過程を視覚的にわかりやすく表現したものである.横線は物質系の準位とそのエネルギーを表し,縦の矢印は,光学過程に用いられる光子のエネルギーと遷移の方向を表す.角周波数 ω の光の光子エネルギーは $\hbar\omega$ であるので,厳密には $\hbar\omega$ と図に書き入れるべきであるが,煩雑になるので単に ω と書くのが普通である.

　入射する光を強くしていくと,図 1.2(b),(c) のように入射する光子のエネルギーの 2 倍や 3 倍が基底状態と励起状態とのエネルギー差に等しい場合にも,光子 2 個あるいは 3 個分の光のエネルギーが物質に与えられ,それにより基底状態から励起状態に遷移する過程が起きるようになる.これらをそれぞれ **2 光子吸収** (two-photon absorption), **3 光子吸収** (three-photon absorption) という.これらは非線形光学現象であり,まとめて多光子吸収と呼ぶ.n 光子吸収は,n 個の光子を同時に使う過程であるから,それが起こる割合は光強度の n 乗に比例し,光が強い場合にのみ生じる.1 光子吸収の生じない,すなわち透明な媒質でも,入射光を強くしていくと多光子吸収過程による光吸収が生じる.多光子吸収の応用の一つとして,光パルスの集光点だけで多光子吸収が生じることを利用した**多光子蛍光顕微鏡**などがある.

1.2 非線形光学効果の大きさ

　非線形光学効果がどの程度の大きさなのか，簡単に見積もってみることにする．物質を構成している原子や分子は，原子核と電子とから成っているが，そのうち電子の方がずっと質量が小さいので，光電場には主に電子のみが応答すると考えてよいだろう．原子・分子の中の電子には，かなり大きな電場が常に掛かっているので，それに比べて外からやってくる光の電場が大きくなれば，光電場に対する電子の応答の非線形性が顕著になる，と考えられるだろう．

　原子内の電場の典型的な大きさとして，水素原子の原子核からボーア半径

$$a_B = \frac{4\pi\varepsilon_0 \hbar^2}{m_e e^2} = 5.3 \times 10^{-11} \text{ m} \tag{1.8}$$

だけ離れた位置における電場 E_{at}

$$E_{at} = \frac{e}{4\pi\varepsilon_0 a_B^2} = 5.1 \times 10^9 \text{ V/cm} \tag{1.9}$$

を用いよう．ただし，m_e，e はそれぞれ電子の質量 $m_e = 9.1 \times 10^{-31}$ kg と素電荷 $e = 1.6 \times 10^{-19}$ C である．光電場の振幅 E は，光強度 I と

$$I = \frac{1}{2Z_0}|E|^2 \tag{1.10}$$

の関係にあるので，光電場の振幅が上記の E_{at} と等しくなるために必要な光強度は，$I = 3.5 \times 10^{16}$ W/cm^2 と求められる．ここで $Z_0 \equiv \sqrt{\mu_0/\varepsilon_0}$ は真空のインピーダンスと呼ばれ，約 377 Ω の値を持つ定数である．通常のナノ秒パルスレーザーなどで容易に実現できる光強度は 1 GW/cm^2 程度であるから，そのとき得られる光電場は 9×10^5 V/cm 程度であり，原子内電場と比べて4桁も小さいことがわかる．したがって多くの場合，物質の光に対する応答における線形性からのずれは，非常に小さい．

そのような小さい効果であるにもかかわらず，非線形光学現象が観測されるのは，それが線形光学現象とは質的に異なる現象であり，それだけを区別して観測することができることと，以下に述べる共鳴や位相整合の効果により，小さな非線形性の効果を蓄積することができるからである．

ただし，最先端のレーザー増幅システムを用いると原子内電場を超える光電場を実現することも可能であり，5.4節で述べるように，光が弱い場合とは質的に異なるような非線形光学現象も観測される．

1.3 共鳴と位相整合

角周波数 ω の光が入射した場合，光子エネルギー $\hbar\omega$ が物質の異なる状態間のエネルギー差に等しくなる状態を共鳴 (resonance) という．図 1.3 (a) に示すように，共鳴条件の下で光吸収などの現象が顕著に生じることは，線形光学においても広く見られる．非線形光学では，このような単純な共鳴だけではなく，図 1.3 (b) や (c) に示されるように，光の和周波や差周波に相当する光子エネルギーが物質の状態間のエネルギー差に等しくなる場合にも，共鳴の効果により特定の現象が顕著に生じることとなる．本書では，そのような共鳴効果について一般的に説明することはしないが，いくつかの例

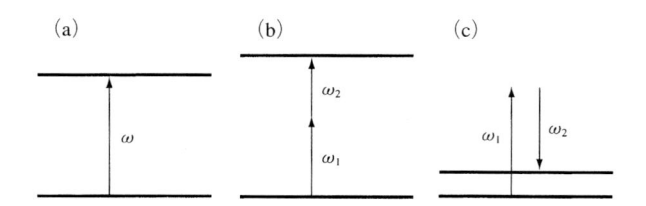

図 1.3 光の角周波数と物質のエネルギー準位との間のいろいろな共鳴．(a) 1 光子共鳴．(b) 和周波による 2 光子共鳴．(c) 差周波による 2 光子共鳴．

については，次章以降のそれぞれの項目で解説する．非線形光学における共鳴現象は，物質が持つ固有振動の角周波数と光電場の角周波数が一致することにより，非線形性の効果が時間的に蓄積されることによって生じると理解することができる．

効率よく非線形光学効果を生じさせるためには，共鳴効果以外に**位相整合**（phase matching）と呼ばれる条件を満足させることが非常に重要である．位相整合については1.8節できちんとした説明をする．簡単に述べると，位相整合とは，新たな光の発生源となる非線形な分極とそれによって発生する光とが，媒質中を同じ速さで伝搬することにより，非線形性の影響が空間的に蓄積される効果である．

通常の測定条件では光電場が原子内電場に比べて非常に小さいにも関わらず，非線形光学現象が観測されるのは，主にこれらの共鳴と位相整合の効果によると考えてよい．

1.4 非線形感受率

ここからは，非線形性があまり大きくないとして，分極の光電場に対する依存性を電場のベキで展開して，

$$\begin{aligned}P &= \varepsilon_0[\chi^{(1)}E + \chi^{(2)}E^2 + \chi^{(3)}E^3 + \cdots] \\ &= P^{\mathrm{L}} + P^{(2)} + P^{(3)} + \cdots \\ &= P^{\mathrm{L}} + P^{\mathrm{NL}}\end{aligned} \tag{1.11}$$

のように書こう．ここで，$\chi^{(1)} = \chi$ は通常の感受率（電気感受率）すなわち**線形感受率**であり，

$$P^{\mathrm{L}} = \varepsilon_0 \chi^{(1)} E \tag{1.12}$$

は**線形分極**と呼ばれる．

それに対して，分極の光電場に対する線形な依存性からのずれを表す

$$P^{\mathrm{NL}} = P^{(2)} + P^{(3)} + \cdots \tag{1.13}$$

が**非線形分極**と呼ばれる．非線形分極のうち電場の n 乗に比例する項

$$P^{(n)} = \varepsilon_0 \chi^{(n)} E^n \tag{1.14}$$

は n 次（n-th order）の非線形分極と呼ばれ，比例係数 $\chi^{(n)}$ は n 次の**非線形感受率**（nonlinear susceptibility）と呼ばれる．n 次の非線形感受率は，一般には複数のベクトル量の間を関係づける量であり，厳密には $(n+1)$ 階のテンソルで表されるが，さしあたり簡単のために電場や分極がベクトルであることはあらわには考慮せず，感受率をスカラー量として扱うことにする．また，一般には $\chi^{(n)}$ は入射光の周波数の関数であり，線形な感受率と同様に電場と分極の各周波数成分の間の比例係数として定義されるものであるが，まずはそのことは無視して (1.14) から始めることにする．非線形感受率の厳密な定義については，5.1 節に簡単に記述しておく．

1.5　媒質の対称性と非線形光学効果

ここで，媒質の対称性に由来する非線形感受率に対する制限について考えておく．いま，**反転対称性**（centrosymmetry）を有する媒質を考える．ある媒質が反転対称性を持つ（centrosymmetric）とは，その媒質を，ある点（対称中心）を中心にして反転，すなわち $\boldsymbol{r}$ を $-\boldsymbol{r}$ に変える操作を施しても，媒質の性質が変化しないことをいう．NaCl や Si などの結晶や物質の存在しない真空のように，反転操作によって原子の位置が変わらない場合はもちろんであるが，空気，ガラス，水などのような乱雑媒質では光学的な性質は一様で等方的であるので，やはり反転操作によって性質が変化しない．したがって，多くの光学媒質は反転対称性を有する．

このような媒質では，$\boldsymbol{r}$ を $-\boldsymbol{r}$ に変える操作に対して $\chi^{(n)}$ は不変である．それに対して，(1.14) の中の $P^{(n)}, E$ はどちらも通常のベクトルであるから，反転操作に対して $P^{(n)} \to -P^{(n)}, E \to -E$ のように変化する．したがって，反転操作によって (1.14) は

$$-\boldsymbol{P}^{(n)} = (-1)^n \varepsilon_0 \chi^{(n)} E^n \tag{1.15}$$

となる.これと元の式を比べることにより,反転対称性のある媒質においては,偶数の n に対して $\chi^{(n)} = 0$ となることがわかる.したがって,最低次の非線形光学効果である 2 次の非線形光学効果が生じるのは,反転対称性のない (non-centrosymmetric) 媒質のみであり,反転対称性のある媒質においては,3 次の非線形光学効果が最低次となる.

1.6　2 次の非線形分極

初めに,2 次の非線形分極とそれにより生じる 2 次の非線形光学過程について,簡単に見ておこう.なお,2 次の非線形光学効果についての詳しい説明は,第 2 章で行う.

2 次の非線形分極は,2 次の非線形感受率 $\chi^{(2)}$ を用いて

$$P^{(2)} = \varepsilon_0 \chi^{(2)} E^2 \tag{1.16}$$

と表される.いま,入射電場 E がそれぞれ角周波数 ω_1 と ω_2 を持つ電場から成るとすると,

$$E(t) = \left[\frac{1}{2}E^{(\omega_1)}\exp(-i\omega_1 t) + \text{c.c.}\right] + \left[\frac{1}{2}E^{(\omega_2)}\exp(-i\omega_2 t) + \text{c.c.}\right] \tag{1.17}$$

のように表すことができる.ここで,c.c. は,それより前に書かれたすべての項の複素共役を表す.† (1.16) にこれを代入すると,

---

† (1.17) の右辺第 1 項を省略せずに書くと

$$\frac{1}{2}E^{(\omega_1)}\exp(-i\omega_1 t) + \frac{1}{2}[E^{(\omega_1)}]^* \exp(i\omega_1 t)$$

となる.以下では,このうちの指数関数 $\exp(-i\omega_1 t)$ を含む項を角周波数 ω_1 の項,$\exp(i\omega_1 t)$ を含む項を角周波数 $-\omega_1$ の項ということにする.さらに,負の角周波数の電場振幅を,

$$E^{(-\omega_1)} \equiv [E^{(\omega_1)}]^*$$

で定義する.このように,正弦波を正と負の角周波数の成分の和であると見なすことで,いろいろな非線形光学現象が,統一的に理解できるようになる.

$$P^{(2)}(t) = \frac{\varepsilon_0 \chi^{(2)}}{4} \left\{ \left[[E^{(\omega_1)}]^2 \exp(-2i\omega_1 t) + \text{c.c.} \right] + \left[[E^{(\omega_2)}]^2 \exp(-2i\omega_2 t) + \text{c.c.} \right] \right.$$
$$+ 2E^{(\omega_1)}[E^{(\omega_1)}]^* + 2E^{(\omega_2)}[E^{(\omega_2)}]^*$$
$$+ \left[2E^{(\omega_1)}E^{(\omega_2)} \exp[-i(\omega_1 + \omega_2)t] + \text{c.c.} \right]$$
$$\left. + \left[2E^{(\omega_1)}[E^{(\omega_2)}]^* \exp[-i(\omega_1 - \omega_2)t] + \text{c.c.} \right] \right\} \quad (1.18)$$

となる．これからわかるように，非線形分極は ω_1 と ω_2 との和や差の角周波数を持ついくつかの周波数成分から成る．媒質中に，このような新しい角周波数で振動する分極ができると，その分極は，その角周波数の電磁波を新たに放射する．すなわち，光の周波数が変換されることになる．

線形な誘電率や感受率が一般に周波数の関数であるのと同じように，非線形感受率も一般には周波数の関数である．上に記したような，和周波発生，差周波発生などのそれぞれの非線形光学過程は，それぞれの過程を引き起こす分極の表式を構成している電場の（正負を含めた）角周波数と，生成される非線形分極の角周波数を指定することで，一意的に特定できる．したがって，非線形感受率についても，それらを特定することで，それぞれの過程に対応する非線形感受率を，その周波数依存性も含めて一意的に表現することができる．

2次の非線形分極の場合は，

$$P^{(2)}(t) = \left[\frac{1}{2} P^{(2\omega_1)} \exp(-2i\omega_1 t) + \text{c.c.} \right] + \left[\frac{1}{2} P^{(2\omega_2)} \exp(-2i\omega_2 t) + \text{c.c.} \right]$$
$$+ \left[\frac{1}{2} P^{(\omega_1 + \omega_2)} \exp[-i(\omega_1 + \omega_2)t] + \text{c.c.} \right]$$
$$+ \left[\frac{1}{2} P^{(\omega_1 - \omega_2)} \exp[-i(\omega_1 - \omega_2)t] + \text{c.c.} \right] + P^{(0)} \quad (1.19)$$

$$P^{(2\omega_1)} = \frac{\varepsilon_0}{2} \chi^{(2)}(2\omega_1; \omega_1, \omega_1) [E^{(\omega_1)}]^2 \quad (1.20)$$

$$P^{(2\omega_2)} = \frac{\varepsilon_0}{2} \chi^{(2)}(2\omega_2; \omega_2, \omega_2) [E^{(\omega_2)}]^2 \quad (1.21)$$

$$P^{(\omega_1 + \omega_2)} = \varepsilon_0 \chi^{(2)}(\omega_1 + \omega_2; \omega_2, \omega_1) E^{(\omega_2)} E^{(\omega_1)} \quad (1.22)$$

1.6 2次の非線形分極

$$P^{(\omega_1-\omega_2)} = \varepsilon_0 \chi^{(2)}(\omega_1-\omega_2;-\omega_2,\omega_1)[E^{(\omega_2)}]^* E^{(\omega_1)} \quad (1.23)$$

$$P^{(0)} = \frac{\varepsilon_0}{2}\chi^{(2)}(0;-\omega_1,\omega_1)[E^{(\omega_1)}]^* E^{(\omega_1)} + \frac{\varepsilon_0}{2}\chi^{(2)}(0;-\omega_2,\omega_2)[E^{(\omega_2)}]^* E^{(\omega_2)} \quad (1.24)$$

のように表す.[†]

なおこの式で,非線形分極の種類によって,右辺の係数が異なっていることに注意が必要である. すべての $\chi^{(2)}$ が周波数によらずに一定だとすると,(1.16)よりこのようになることが明らかであり, $\chi^{(2)}$ が周波数に依存する場合にも, 上のような定義を用いることにより, $\chi^{(2)}$ が周波数の関数として連続的なものになる. ただし, 特定の種類の非線形光学過程のみを議論する場合には, その表式に現れる係数が上記のものと異なっていても, あまり困ることはない. 多くの文献では特定の非線形光学過程のみを扱っており, その結果, 文献ごとに不統一な表式が用いられることが多い.

しかし非線形感受率の大きさに関する定量的な議論や,異なる非線形光学過程を表す非線形感受率の間の比較を行う際には,正しい表式を用いることが重要である.

上では,電場や分極の位置依存性については考慮しなかった. 多くの場合,線形および非線形分極は,光の波長よりは十分小さな領域における微視的な物理的機構によって決定されており,各位置における分極は,その場所における入射電場のみによって決定される. 一様な媒質では,光電場は,入射光の進行方向などによって決まる波数ベクトルをもって伝搬しており,その結果, 非線形分極も決まった波数ベクトルを持つことになる.

いま, (1.17)において角周波数 ω_1, ω_2 の光がそれぞれ波数 $\boldsymbol{k}_1$, $\boldsymbol{k}_2$ を持つ

[†] 非線形感受率の表式としては, いくつかのものが用いられている. 広く用いられているのは, メイカー-ターヒューン表記 (Maker-Terhune notation) である. この表記法では, 本書で用いている $\chi^{(2)}(\omega_1+\omega_2;\omega_1,\omega_2)$ の代わりに $\chi^{(2)}(-\omega_1-\omega_2,\omega_1,\omega_2)$ のように記す. すなわち, セミコロン (;) の代わりにコンマ (,) を用い, またカッコ内1番目の周波数の符号を変えて, 引数の周波数の総和がゼロになるようにする.

て伝搬しているとすると，光電場は位置依存性を含めて，

$$E(\boldsymbol{r},t) = \left[\frac{1}{2}E^{(\omega_1)}\exp[i(\boldsymbol{k}_1\cdot\boldsymbol{r}-\omega_1 t)] + \text{c.c.}\right]$$
$$+ \left[\frac{1}{2}E^{(\omega_2)}\exp[i(\boldsymbol{k}_2\cdot\boldsymbol{r}-\omega_2 t)] + \text{c.c.}\right]$$
(1.25)

と表される．すると (1.20) 以下の非線形分極の振幅はそれぞれ，

$$P^{(2\omega_1)}(\boldsymbol{r}) = \frac{\varepsilon_0}{2}\chi^{(2)}(2\omega_1;\omega_1,\omega_1)[E^{(\omega_1)}]^2\exp(2i\boldsymbol{k}_1\cdot\boldsymbol{r}) \quad (1.26)$$

$$P^{(2\omega_2)}(\boldsymbol{r}) = \frac{\varepsilon_0}{2}\chi^{(2)}(2\omega_2;\omega_2,\omega_2)[E^{(\omega_2)}]^2\exp(2i\boldsymbol{k}_2\cdot\boldsymbol{r}) \quad (1.27)$$

$$P^{(\omega_1+\omega_2)}(\boldsymbol{r}) = \varepsilon_0\chi^{(2)}(\omega_1+\omega_2;\omega_1,\omega_2)E^{(\omega_1)}E^{(\omega_2)}\exp[i(\boldsymbol{k}_1+\boldsymbol{k}_2)\cdot\boldsymbol{r}]$$
(1.28)

$$P^{(\omega_1-\omega_2)}(\boldsymbol{r}) = \varepsilon_0\chi^{(2)}(\omega_1-\omega_2;\omega_1,-\omega_2)E^{(\omega_1)}[E^{(\omega_2)}]^*\exp[i(\boldsymbol{k}_1-\boldsymbol{k}_2)\cdot\boldsymbol{r}]$$
(1.29)

$$P^{(0)}(\boldsymbol{r}) = \frac{\varepsilon_0}{2}\chi^{(2)}(0;\omega_1,-\omega_1)E^{(\omega_1)}[E^{(\omega_1)}]^* + \frac{\varepsilon_0}{2}\chi^{(2)}(0;\omega_2,-\omega_2)E^{(\omega_2)}[E^{(\omega_2)}]^*$$
(1.30)

のようになり，決まった波数ベクトルを持つことがわかる．ここで，$\chi^{(2)}$ の引数に入る角周波数（";" の右側のもの）に応じて，その後に来る電場と波数が自動的に決まっていることに注意しよう．すなわち，ω_n に対して $E^{(\omega_n)} \times \exp(i\boldsymbol{k}_n\cdot\boldsymbol{r})$ が，$-\omega_n$ に対して $[E^{(\omega_n)}]^*\exp(-i\boldsymbol{k}_n\cdot\boldsymbol{r})$ が，掛かる．

1.7　3次の非線形分極

次に，3次の非線形分極についても簡単に見ておこう．3次の非線形分極に関する詳しい記述は，第3章に記す．3次の非線形分極 $P^{(3)}$ は，

$$P^{(3)}(t) = \varepsilon_0\chi^{(3)}[E(t)]^3 \quad (1.31)$$

と表される．いま，入射電場 E が $\omega_1, \omega_2, \omega_3$ の 3 つの角周波数を持つ電場から成るとすると，

$$E(t) = \frac{1}{2}E^{(\omega_1)}\exp(-i\omega_1 t) + \frac{1}{2}E^{(\omega_2)}\exp(-i\omega_2 t) + \frac{1}{2}E^{(\omega_3)}\exp(-i\omega_3 t) + \text{c.c.} \quad (1.32)$$

のように表すことができる．(1.31) にこれを代入することで得られる非線形分極には，(正負の角周波数を別のものとして数えると) 44 の異なる角周波数成分が含まれる．それらは，以下に挙げたものとそれらの正負を反転させたものである．つまり

$$3\omega_1, 3\omega_2, 3\omega_3, \omega_1, \omega_2, \omega_3,$$
$$2\omega_1 \pm \omega_2, 2\omega_1 \pm \omega_3, 2\omega_2 \pm \omega_1, 2\omega_2 \pm \omega_3, 2\omega_3 \pm \omega_1, 2\omega_3 \pm \omega_2,$$
$$\omega_1 + \omega_2 + \omega_3, \omega_1 + \omega_2 - \omega_3, \omega_1 - \omega_2 + \omega_3, -\omega_1 + \omega_2 + \omega_3 \quad (1.33)$$

である．非線形分極を

$$P^{(3)}(t) = \frac{1}{2}\sum_n \left[P^{(\omega_n)}\exp(-i\omega_n t) + \text{c.c.}\right] \quad (1.34)$$

と書くと，非線形分極の各周波数成分の複素振幅は，

$$P^{(3\omega_1)} = \frac{\varepsilon_0 \chi^{(3)}}{4}[E^{(\omega_1)}]^3,$$

$$P^{(\omega_1)} = \frac{\varepsilon_0 \chi^{(3)}}{4}\{3[E^{(\omega_1)}]^2[E^{(\omega_1)}]^* + 6E^{(\omega_1)}E^{(\omega_2)}[E^{(\omega_2)}]^* + 6E^{(\omega_1)}E^{(\omega_3)}[E^{(\omega_3)}]^*\},$$

$$P^{(2\omega_1+\omega_2)} = \frac{3}{4}\varepsilon_0 \chi^{(3)}[E^{(\omega_1)}]^2 E^{(\omega_2)}, \quad P^{(2\omega_1-\omega_2)} = \frac{3}{4}\varepsilon_0 \chi^{(3)}[E^{(\omega_1)}]^2[E^{(\omega_2)}]^*,$$

$$P^{(\omega_1+\omega_2+\omega_3)} = \frac{6}{4}\varepsilon_0 \chi^{(3)} E^{(\omega_1)}E^{(\omega_2)}E^{(\omega_3)}, \quad P^{(\omega_1+\omega_2-\omega_3)} = \frac{6}{4}\varepsilon_0 \chi^{(3)} E^{(\omega_1)}E^{(\omega_2)}[E^{(\omega_3)}]^*$$

$$(1.35)$$

および，これらに対して $\omega_1, \omega_2, \omega_3$ を任意の順番で並び替えることで新たに得られるものである．

3次の非線形分極が生じると，新しい周波数や新しい波数ベクトルを持つ光が発生したり，入射光が変調を受けたりする効果がある．

1.8　伝搬方程式と位相整合

任意の次数の非線形光学過程に共通する事項として，非線形伝搬方程式と位相整合について，ここで述べておく．この時点では，具体的なイメージが沸きにくいかもしれないが，その場合は，第2章または第3章を読んだ後に，もう一度ここを読み返すとよいであろう．

まずは，マクスウェル方程式を用いて，非線形光学媒質における電磁波の伝搬の様子について調べる．誘電媒質中におけるマクスウェル方程式

$$\nabla \times \boldsymbol{E} = -\mu_0 \frac{\partial \boldsymbol{H}}{\partial t} \tag{1.36}$$

$$\nabla \times \boldsymbol{H} = \frac{\partial \boldsymbol{D}}{\partial t} \tag{1.37}$$

$$\nabla \cdot \boldsymbol{D} = 0 \tag{1.38}$$

$$\nabla \cdot \boldsymbol{H} = 0 \tag{1.39}$$

において，

$$\begin{aligned}\boldsymbol{D} &= \varepsilon_0 \boldsymbol{E} + \boldsymbol{P}^{\mathrm{L}} + \boldsymbol{P}^{\mathrm{NL}} \\ &= \varepsilon \boldsymbol{E} + \boldsymbol{P}^{\mathrm{NL}}\end{aligned} \tag{1.40}$$

とする．(1.36) の回転を計算して，(1.37)，(1.38) とベクトル演算に関する恒等式

$$\nabla \times \nabla \times \boldsymbol{E} = \nabla(\nabla \cdot \boldsymbol{E}) - \nabla^2 \boldsymbol{E} \tag{1.41}$$

を用いると，

$$\boxed{\nabla^2 \boldsymbol{E} = \varepsilon \mu_0 \frac{\partial^2 \boldsymbol{E}}{\partial t^2} + \mu_0 \frac{\partial^2 \boldsymbol{P}^{\mathrm{NL}}}{\partial t^2}} \tag{1.42}$$

が得られる．これが，媒質中に非線形な分極が存在するときの電磁波の伝搬

を記述する**非線形伝搬方程式**である.

この方程式は,非線形分極と電場に関する線形同次微分方程式である.これより,非線形分極に角周波数 ω で振動する成分があれば,それにより同じ角周波数の電場の伝搬に影響が及ぶことがわかる.すなわち,もともとその周波数の電磁波が媒質中にない場合には,非線形分極によりその周波数の電磁波が発生し,もともとその周波数の電磁波が媒質中に存在していた場合は,その電磁波は非線形分極により変調を受けることになる.

いま,非線形分極の進行方向と,そこから発生する電磁波の進行方向を共に z 方向とし,また簡単のために E, P^{NL} をスカラー量 E, P^{NL} で表して,

$$P^{\mathrm{NL}}(z,t) = \frac{1}{2} p^{\mathrm{NL}}(z) \exp[i(k_p z - \omega t)] + \mathrm{c.c.} \tag{1.43}$$

$$E(z,t) = \frac{1}{2} A(z) \exp[i(k_r z - \omega t)] + \mathrm{c.c.} \tag{1.44}$$

のようにおく.ここで,$p^{\mathrm{NL}}(z), A(z)$ は z に対してゆっくり変化する非線形分極および電場の振幅であり,k_p, k_r はそれぞれ非線形分極と光電場の波数である.(1.44) の右辺には $A(z)$ と指数関数の両方に z が現れるので,線形な伝搬の効果は指数関数によって表し,$A(z)$ は非線形性による効果のみを表すようにすることで,一意的な定式化ができる.すると,(1.42) は

$$\left[\frac{d^2 A(z)}{dz^2} + 2ik_r \frac{dA(z)}{dz} - k_r^2 A(z) \right] \exp[i(k_r z - \omega t)]$$
$$= -\varepsilon \mu_0 \omega^2 A(z) \exp[i(k_r z - \omega t)] - \mu_0 \omega^2 p^{\mathrm{NL}}(z) \exp[i(k_p z - \omega t)] \tag{1.45}$$

となる.上で述べたことから,$p^{\mathrm{NL}} = 0$ のときに

$$E(z,t) = A(0) \exp[i(k_r z - \omega t)] \tag{1.46}$$

となるためには,以下の関係が成り立つ必要がある.

$$k_r^2 = \varepsilon \mu_0 \omega^2 \tag{1.47}$$

また,z に対する電場振幅の変化があまり大きくないとして,

$$\left|\frac{d^2 A(z)}{dz^2}\right| \ll \left|k_r \frac{dA(z)}{dz}\right| \tag{1.48}$$

とする．これを**緩包絡波近似**（slowly-varying envelope approximation）という．それらを用いると，結果として（1.45）は

$$\boxed{\frac{dA(z)}{dz} = \frac{i\mu_0\omega^2}{2k_r} p^{\mathrm{NL}}(z)\exp(i\,\Delta k\,z)} \tag{1.49}$$

となる．ここで

$$\boxed{\Delta k \equiv k_p - k_r} \tag{1.50}$$

である．あるいは，角周波数 ω における媒質の屈折率を n とすれば $k_r = n\omega/c$ なので，（1.49）は，

$$\boxed{\frac{dA(z)}{dz} = \frac{iZ_0\omega}{2n} p^{\mathrm{NL}}(z)\exp(i\,\Delta k\,z)} \tag{1.51}$$

とも書ける．ここで，Z_0 は，真空のインピーダンスと呼ばれる定数 $Z_0 \equiv \sqrt{\mu_0/\varepsilon_0} = 377\,\Omega$ である．（1.49）または（1.51）が，非線形分極によって引き起こされる光電場振幅の変化を表す式である．

いま，非線形光学媒質の中で非線形分極 P^{NL} によって，電場 $E(z,t)$ が新たに生じる場合について考える．さしあたり，非線形分極 P^{NL} は外部から入射する強い光によって生じていて z によらないとしよう．すなわち，

$$p^{\mathrm{NL}}(z) \equiv p^{\mathrm{NL}} = \mathrm{const.} \tag{1.52}$$

とする．非線形光学媒質の厚さを L とし，$z=0$ から $z=L$ の間にだけ存在するとすると，$z=0$ においては電場はまだ生じていないので $A(0)=0$ である．これらの条件の下で（1.49）を積分すると，$z=L$ における電場の複素振幅が

$$\begin{aligned}
A(L) &= \frac{i\mu_0\omega^2 p^{\mathrm{NL}}}{2k_r} \frac{\sin(\Delta k\,L/2)}{\Delta k/2}\exp\left(\frac{i\,\Delta k\,L}{2}\right) \\
&= \frac{i\mu_0\omega^2 p^{\mathrm{NL}} L}{2k_r}\,\mathrm{sinc}\left(\frac{\Delta k\,L}{2}\right)\exp\left(\frac{i\,\Delta k\,L}{2}\right)
\end{aligned} \tag{1.53}$$

1.8 伝搬方程式と位相整合

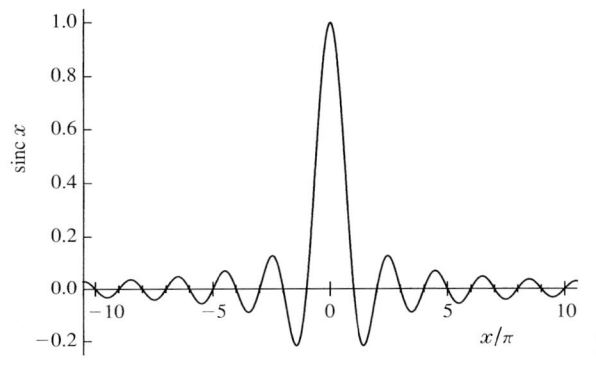

図1.4 sinc 関数のグラフ

のように求まる．ここで sinc は，

$$\operatorname{sinc} x \equiv \frac{\sin x}{x} \tag{1.54}$$

で定義される関数であり，$x = 0$ では極限値 1 をとることになる．$\operatorname{sinc} x$ は，図1.4 に示すように，$x = 0$ のとき最大値 $\operatorname{sinc} x = 1$ を取り，$x = 0$ を中心として π 程度の幅の範囲で大きな値を持つ．

新たに生じる光の強度 I は，電場振幅の絶対値の 2 乗に比例するので，

$$I(L) \propto |A(L)|^2 \propto \left[\frac{\sin(\Delta k\, L/2)}{\Delta k/2}\right]^2 = L^2 \operatorname{sinc}^2\left(\frac{\Delta k\, L}{2}\right) \tag{1.55}$$

のように表される．これより，光強度は $\Delta k = 0$ のときは非線形光学媒質の長さ L の 2 乗に比例して増加することが示される．したがって，非線形光学媒質中を伝搬しながら光強度が増加していくためには，$\Delta k = 0$ すなわち

$$\boxed{k_p = k_r} \tag{1.56}$$

の条件が，ほぼ満足されていることが必要である．それに対して $|\Delta k|$ が大きいときには，光強度は距離 L に対して激しく振動してしまい，大きくならない．(1.56) は，非線形分極の波数とそれによって発生する電場の波数とが一致するという条件である．これを**位相整合条件**（phase matching condition）という．これに対して，Δk を位相不整合（phase mismatch）あるいは

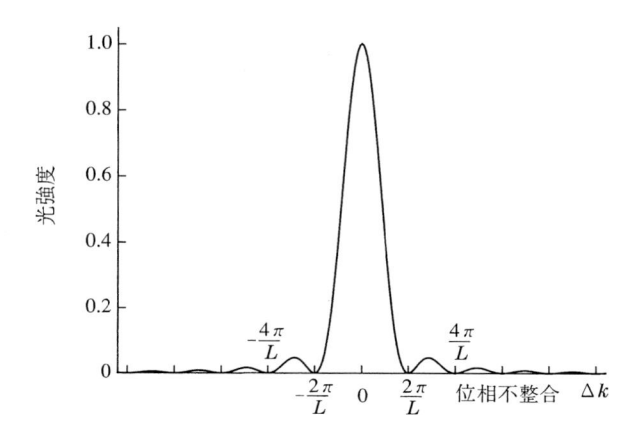

図 1.5 非線形光学過程により発生する光強度の位相不整合依存性

波数不整合 (wavevector mismatch) と呼ぶ. 非線形光学過程により発生する光強度の, 位相不整合の大きさに対する依存性をプロットすると, 図 1.5 のようになる.

なお, 上では非線形分極とそこから発生する光が共に z 方向に伝搬すると仮定したが, より一般的には, k_p も k_r もそれぞれベクトル $\boldsymbol{k}_p$, $\boldsymbol{k}_r$ として考えるべきであり, その場合, 位相整合条件は,

$$\boldsymbol{k}_p = \boldsymbol{k}_r \tag{1.57}$$

と表される.

位相不整合 Δk がゼロでないときは, 光強度は伝搬距離に対して, 図 1.6 のように周期 $2\pi/|\Delta k|$ で振動し, $\pi/|\Delta k|$ で最大値を取る. この距離

$$\boxed{l_c \equiv \frac{\pi}{|\Delta k|}} \tag{1.58}$$

を**コヒーレンス長** (coherence length) という. この言葉は, 長さ $\pi/|\Delta k|$ 程度までは, 非線形分極の位相がその分極によって発生する非線形電場の位相と合っており, コヒーレンスが保たれているということを意味している. 非

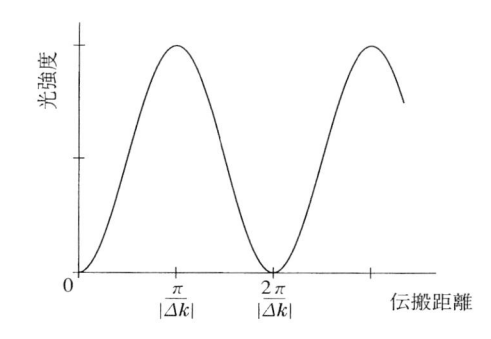

図 1.6 非線形光学過程により発生する光の強度の伝搬距離依存性

線形光学媒質を有効に用いて強い光を発生させるためには，媒質の厚みが l_c 以下であることが必要である．

いろいろな Δk に対して，非線形光学過程で発生する光の電場の絶対値を，伝搬距離の関数としてプロットすると，図 1.7 のようになる．これより，大きな電場を発生させるためには，Δk が小さいことが必要であることがわかる．

なお，上では，非線形分極が伝搬距離によらないと仮定した．しかし，非線形光学過程が効率よく起こり，入射光のエネルギーのうちの無視できない割合が，新たに生成された光に移行する場合は，この仮定は成り立たなくなる．したがって，位相整合条件が完全に満足されていても，発生する光の強度が無限に増加し続けることはない．

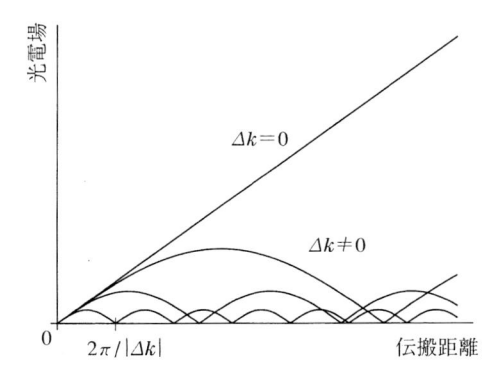

図 1.7 非線形光学過程により発生する光電場（絶対値）の伝搬距離依存性をいくつかの Δk の値について示した．いずれの場合も，光電場が最初にゼロに戻る距離が $2\pi/|\Delta k|$ である．

レーザーと非線形光学

　レーザーの出現によって高強度の光を発生させることが可能になり，非線形光学という新しい分野が始まった．現在でも，ほとんどの非線形光学現象は，レーザー光によって実現されている．その意味で，非線形光学にとってレーザーは，最も重要な道具である．しかし，それと同時に，レーザーは非線形光学の重要な舞台であるということも，忘れてはならないだろう．レーザー作用そのもの，すなわち誘導放出による光の増幅は，非常に非線形な現象であり，ポンピング強度に対して非線形な性質を持っているし，利得の飽和も，実際のレーザーの特性を決める重要な要因である．さらに，レーザーを思い通りに発振させるために，さまざまな非線形光学現象が用いられている．例えば，Qスイッチの実現には電気光学効果が，モード同期による超短光パルス発生のためには，吸収飽和や，光カー効果といった非線形光学現象が用いられる．

　グリーンのレーザーポインターでは，赤外光に利得を持つレーザー媒質によって発振した赤外光を，同じレーザー共振器の内部で第2高調波に変換し，緑色の第2高調波のみを共振器の外に取り出している．この方式は，共振器内第2高調波発生（intra-cavity SHG）といわれる．レーザー共振器の内部には，外部に取り出されるレーザー出力と比較して，1桁程度高い出力の光が閉じ込められているので，非線形光学現象を起こすには共振器内で行う方が，ずっと効率が高くなるのである．

章末問題

［1］ $1\,\mu\mathrm{m}$ と $1.2\,\mu\mathrm{m}$ の波長の光を用いた非線形光学効果による波長変換について，以下の問いに答えよ．ただし，可視光とは，真空中の波長がおよそ

380 nm から 780 nm までの電磁波のことをいう.

（a）$1\,\mu\mathrm{m}$ の光の第2高調波, 第3高調波, 第4高調波の波長は, それぞれいくらか. また, それらのうち可視光はどれか.

（b）$1.2\,\mu\mathrm{m}$ の光の第2高調波, 第3高調波, 第4高調波の波長は, それぞれいくらか. また, それらのうち可視光はどれか.

［2］ (1.20)～(1.24)において, 非線形分極の $2\omega_1$ や $2\omega_2$ の成分と $\omega_1+\omega_2$ の成分とで, その表式に因子2の違いがある. このことは一見, 二つの入射光の和周波の非線形分極を表す非線形感受率と, 入射光の2倍の周波数の非線形分極を表す非線形感受率とで, 定義が異なるのではないかとの印象を与えるが, 実際にはそうではない. いま, 入射光の角周波数 ω_1 と ω_2 を近づけていったときに, それぞれの非線形分極成分の振幅がどうなるかを調べることで, 非線形感受率が周波数の関数として連続であることを示せ.

第2章

2次の非線形光学効果

この章では，2次の非線形光学効果の基礎と各種の2次の非線形光学現象について述べると共に，非線形光学全般において重要な多くの概念について，2次の非線形光学効果を例にして説明する．

2.1 2次の非線形光学過程

2次の非線形光学効果は反転対称性のない媒質でのみ起こる効果で，第2高調波発生などの光の周波数変換や，電場による光の変調などのために広く用いられる．2次の非線形感受率 $\chi^{(2)}$ の効果のみを考えると，非線形分極は

$$P^{\mathrm{NL}} = P^{(2)} = \varepsilon_0 \chi^{(2)} E^2 \tag{2.1}$$

と表される．いま，入射電場 E が角周波数 ω_1 と ω_2 を持つ電場から成るとすると，1.6節で見たように，非線形分極は ω_1 と ω_2 との和や差の角周波数を持ついくつかの角周波数成分から成る．それらの分極から，それと同じ角周波数を持つ電場が発生する．それらの過程をエネルギー準位図を用いて示したのが図2.1である．

角周波数 $\omega_1 + \omega_2$ の電磁波が発生する現象を**和周波発生**(sum frequency

2.1 2次の非線形光学過程

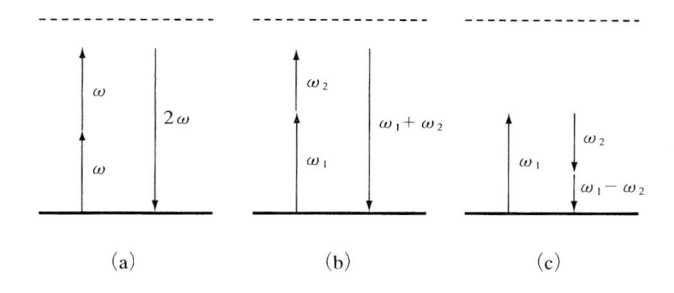

図 2.1 (a) 第 2 高調波発生,(b) 和周波発生,(c) 差周波発生のエネルギー準位図.なお,上の破線は共鳴していない準位を表す.

generation),角周波数 $\omega_1 - \omega_2$ の電磁波が発生する現象を**差周波発生**(difference frequency generation)という.特に $\omega_1 = \omega_2 \equiv \omega$ の場合,角周波数 2ω と 0 の電場が発生することになる.これを,それぞれ**第 2 高調波発生**(SHG:second-harmonic generation),**光整流**(optical rectification)という.また,差周波発生の際に,入射光のうち角周波数の大きな光から角周波数の小さな光にエネルギーが移動するので,角周波数の小さい方の光はエネルギーが増加する.すなわち,増幅されることになる.この過程を**光パラメトリック増幅**(optical parametric amplification)という.また,1 次の電気光学効果である**ポッケルス効果**は,和周波発生・差周波発生において一方の入射光の周波数がゼロの場合に相当するので,2 次の非線形光学効果の特殊な場合と見なすことができる.以上をまとめて表 2.1 に示す.

表 2.1 2 次の非線形光学過程の一覧

入力	出力	非線形感受率	非線形光学過程
ω	2ω	$\chi^{(2)}(2\omega;\omega,\omega)$	第 2 高調波発生
ω	0	$\chi^{(2)}(0;\omega,-\omega)$	光整流
ω_1,ω_2	$\omega_1 + \omega_2$	$\chi^{(2)}(\omega_1+\omega_2;\omega_1,\omega_2)$	和周波発生
ω_1,ω_2	$\omega_1 - \omega_2$	$\chi^{(2)}(\omega_1-\omega_2;\omega_1,-\omega_2)$	差周波発生
			光パラメトリック増幅
$\omega,0$	ω	$\chi^{(2)}(\omega;\omega,0)$	ポッケルス効果

2.2　2次の非線形感受率と非線形光学係数

角周波数 ω の光電場を

$$E(t) = \frac{1}{2}E^{(\omega)}\exp(-i\omega t) + \text{c.c.} \qquad (2.2)$$

と表すと，1.6節で示したように，2次の非線形光学効果によって，角周波数 2ω と角周波数ゼロの非線形分極が生じる．角周波数 2ω の非線形分極を，

$$\frac{1}{2}P^{(2\omega)}\exp(-2i\omega t) + \text{c.c.} \qquad (2.3)$$

とし，角周波数ゼロの非線形分極を $P^{(0)}$ とすると，それぞれの振幅は，非線形感受率を用いて

$$P^{(2\omega)} = \frac{\varepsilon_0}{2}\chi^{(2)}(2\omega;\omega,\omega)[E^{(\omega)}]^2 \qquad (2.4)$$

$$P^{(0)} = \frac{\varepsilon_0}{2}\chi^{(2)}(0;\omega,-\omega)E^{(\omega)}[E^{(\omega)}]^* \qquad (2.5)$$

と表される．また，2つの角周波数 ω_1 と ω_2 の成分を持つ光電場

$$E(t) = \frac{1}{2}E^{(\omega_1)}\exp(-i\omega_1 t) + \frac{1}{2}E^{(\omega_2)}\exp(-i\omega_2 t) + \text{c.c.} \qquad (2.6)$$

からは，上記と同等のもの（ω を ω_1, ω_2 にそれぞれ入れ替えたもの）以外に，和周波と差周波の非線形分極

$$\frac{1}{2}P^{(\omega_1+\omega_2)}\exp[-i(\omega_1+\omega_2)t] + \text{c.c.} \qquad (2.7)$$

$$\frac{1}{2}P^{(\omega_1-\omega_2)}\exp[-i(\omega_1-\omega_2)t] + \text{c.c.} \qquad (2.8)$$

が生じ，それぞれの振幅は以下のように与えられる．

$$P^{(\omega_1+\omega_2)} = \varepsilon_0\chi^{(2)}(\omega_1+\omega_2;\omega_1,\omega_2)E^{(\omega_1)}E^{(\omega_2)} \qquad (2.9)$$

$$P^{(\omega_1-\omega_2)} = \varepsilon_0\chi^{(2)}(\omega_1-\omega_2;\omega_1,-\omega_2)E^{(\omega_1)}[E^{(\omega_2)}]^* \qquad (2.10)$$

また，電場と分極の位置依存性を明示して，光電場を

$$E(\boldsymbol{r},t) = \frac{1}{2}E^{(\omega)}\exp[i(\boldsymbol{k}\cdot\boldsymbol{r}-\omega t)] + \text{c.c.} \quad (2.11)$$

のように書くと，非線形分極の振幅は，

$$P^{(2\omega)}(\boldsymbol{r}) = \frac{\varepsilon_0}{2}\chi^{(2)}(2\omega;\omega,\omega)[E^{(\omega)}]^2\exp(2i\boldsymbol{k}\cdot\boldsymbol{r}) \quad (2.12)$$

$$P^{(0)}(\boldsymbol{r}) = \frac{\varepsilon_0}{2}\chi^{(2)}(0;\omega,-\omega)E^{(\omega)}[E^{(\omega)}]^* \quad (2.13)$$

となり，また入射光の光電場が2つの周波数成分

$$E(\boldsymbol{r},t) = \frac{1}{2}E^{(\omega_1)}\exp[i(\boldsymbol{k}_1\cdot\boldsymbol{r}-\omega_1 t)] + \frac{1}{2}E^{(\omega_2)}\exp[i(\boldsymbol{k}_2\cdot\boldsymbol{r}-\omega_2 t)] + \text{c.c.} \quad (2.14)$$

から成る場合は，

$$P^{(\omega_1+\omega_2)}(\boldsymbol{r}) = \varepsilon_0\chi^{(2)}(\omega_1+\omega_2;\omega_1,\omega_2)E^{(\omega_1)}E^{(\omega_2)}\exp[i(\boldsymbol{k}_1+\boldsymbol{k}_2)\cdot\boldsymbol{r}] \quad (2.15)$$

$$P^{(\omega_1-\omega_2)}(\boldsymbol{r}) = \varepsilon_0\chi^{(2)}(\omega_1-\omega_2;\omega_1,-\omega_2)E^{(\omega_1)}[E^{(\omega_2)}]^*\exp[i(\boldsymbol{k}_1-\boldsymbol{k}_2)\cdot\boldsymbol{r}] \quad (2.16)$$

のように表される．

2次の非線形光学効果の応用として最も重要なのは第2高調波発生であるが，それに対応する非線形分極を表す (2.4) や (2.12) には，因子 1/2 が現れる．これを除くために，**非線形光学係数** (nonlinear optical coefficient)

$$\boxed{d \equiv \frac{1}{2}\chi^{(2)}} \quad (2.17)$$

が定義され，広く用いられている．† これを用いると以下のようになる．

$$P^{(2\omega)} = \varepsilon_0 d\,[E^{(\omega)}]^2 \quad (2.18)$$

---

† 非線形光学係数 d の定義として $d \equiv (1/2)\varepsilon_0\chi^{(2)}$ が用いられることもある．この場合は，(2.18) は $P^{(2\omega)} = d\,[E^{(\omega)}]^2$ となる．もちろん $\varepsilon_0 = 1$ であるような CGS 単位系では，両者に違いはない．

2.3 非調和振動子模型

非線形分極の起源について，簡単な模型を用いて考察しよう．初めに，調和振動子の光に対する応答を調べ，それが線形であることを示す．続いて，振動子のポテンシャルに非調和性を導入することにより，非線形な応答が生じることを示そう．

物質系の光に対する応答を考察するときに，物質系を調和振動子と考える模型を**ローレンツ模型** (Lorentz model) といい，幅広く適用されている．物質内の電子準位間の遷移や分子振動，格子振動などによる光の吸収・放出の記述は，正しくは量子力学によらなければならないが，古典力学による近似によっても正しい結果が得られることが多い．ローレンツ模型もそのような例の一つであり，ローレンツ模型と，それを拡張した非調和振動子模型を用いることにより，より厳密な量子力学的考察から得られるものにほぼ対応する結果が得られる．

まずは電子を古典力学的に扱い，光に対する電子の応答を考えよう．電子は物質内では原子核の正電荷によって束縛されているが，これをバネでつながれた粒子と見なすことができる．光電場を x 方向とし，電子の位置も x 方向だけを考える．安定点を $x = 0$ とすると，電子のポテンシャルは，

$$V(x) = \frac{m\omega_0^2}{2}x^2 \qquad (2.19)$$

と表せる．ここで，m は電子の質量，ω_0 は共鳴角周波数である．光電場 $E(t)$ の下での電子の運動方程式は，

$$m\left[\frac{d^2x(t)}{dt^2} + 2\Gamma\frac{dx(t)}{dt} + \omega_0^2 x(t)\right] = -eE(t) \qquad (2.20)$$

と表される．ここで，電子の電荷を $-e$ とし，速度に比例する摩擦力 $-2m\Gamma(dx/dt)$ を導入した．この式は，光電場 $E(t)$ と電子の位置 x に関して線形

2.3 非調和振動子模型

で同次の微分方程式なので,この式から得られる電子の応答は,必ず光電場に比例する.その光電場を

$$E(t) = \frac{1}{2}E^{(\omega)}\exp(-i\omega t) + \text{c.c.} \tag{2.21}$$

としたときの定常解は,

$$x(t) = \frac{1}{2}x^{(\omega)}\exp(-i\omega t) + \text{c.c.} \tag{2.22}$$

の形に書けて,(2.20) より

$$x^{(\omega)} = \frac{-eE^{(\omega)}}{m(\omega_0^2 - \omega^2 - 2i\omega\Gamma)} \tag{2.23}$$

が得られる.

次に,調和振動子のポテンシャルに非調和性 (anharmonicity) を導入することにより,非線形な応答が生じることを見よう.

図 2.2 のように,最低次の非調和性としてポテンシャルに変位の 3 次の項を導入すると,電子の 1 次元のポテンシャルは,

$$V(x) = \frac{m\omega_0^2}{2}x^2 + Dx^3 \tag{2.24}$$

と表せる.

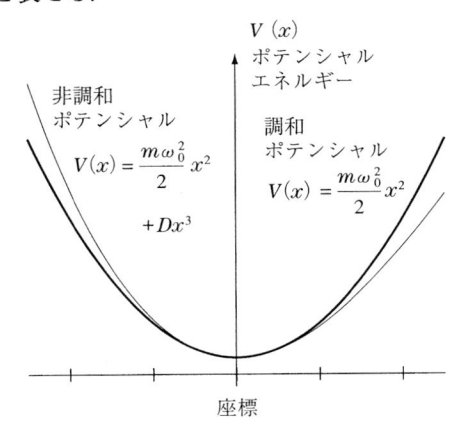

図 2.2 調和ポテンシャル(太線)と非調和ポテンシャル(細線)

ここで D は 3 次の非調和性を表すパラメータである．なお，反転対称性を有する系では，ポテンシャルに奇数次の項は現れないので，この項は反転対称性のない系にのみ存在する．反転対称性を有する系では，最低次の非調和ポテンシャル項は 4 次の項であり，1.5 節で述べたように，このとき電子の応答における最低次の非線形項は 3 次となる．

ポテンシャルが (2.24) で与えられるとき，電子の運動方程式は，

$$m\left[\frac{d^2x(t)}{dt^2} + 2\Gamma\frac{dx(t)}{dt} + \omega_0^2 x(t) + \frac{3D}{m}\{x(t)\}^2\right] = -eE(t) \quad (2.25)$$

となる．

光電場が小さいときはポテンシャルの非調和性が無視できるので，物質系の応答は線形であると考えられる．そのため，電子の変位 x を光電場 E のベキで展開するのが，よいアプローチである．そのような扱いを一般に**摂動法**（perturbation）という．

そこで，x を

$$x = x^{(1)} + x^{(2)} + \cdots \quad (2.26)$$

および

$$x^{(n)} \propto E^n \quad (2.27)$$

と展開し，(2.25) に代入したのち，E の次数ごとに整理する．E の 1 次の項からは

$$\frac{d^2}{dt^2}x^{(1)}(t) + 2\Gamma\frac{d}{dt}x^{(1)}(t) + \omega_0^2 x^{(1)}(t) = -\frac{eE(t)}{m} \quad (2.28)$$

が得られるが，これは調和振動子によるローレンツ模型の式そのものであるので，この方程式の解は，

$$x^{(1)}(t) = \frac{1}{2}x^{(\omega)}\exp(-i\omega t) + \text{c.c.} \quad (2.29)$$

および

$$x^{(\omega)} = \frac{-eE^{(\omega)}}{m(\omega_0^2 - \omega^2 - 2i\omega\Gamma)} \tag{2.30}$$

である．ここで表記を短くするため，分母因子

$$\mathcal{D}(\omega) \equiv \omega_0^2 - \omega^2 - 2i\omega\Gamma \tag{2.31}$$

を定義しておく．これを用いると，上式は，

$$x^{(\omega)} = \frac{-eE^{(\omega)}}{m\mathcal{D}(\omega)} \tag{2.32}$$

となる．

次に，E の 2 次の項から，微分方程式

$$\frac{d^2}{dt^2}x^{(2)}(t) + 2\Gamma\frac{d}{dt}x^{(2)}(t) + \omega_0^2 x^{(2)}(t) = -\frac{3D}{m}\left[x^{(1)}(t)\right]^2 \tag{2.33}$$

が得られる．この式の右辺に上で求めた $x^{(1)}(t)$ を代入すればわかるように，右辺は角周波数 2ω で振動する成分と時間的に変化しない直流成分の和で表されるので，この方程式の定常解も，

$$x^{(2)}(t) = x^{(0)} + \left[\frac{1}{2}x^{(2\omega)}\exp(-2i\omega t) + \text{c.c.}\right] \tag{2.34}$$

のように，直流成分と 2ω 成分との和になり，それぞれの成分が

$$\begin{aligned}x^{(0)} &= -\frac{3D}{2m\omega_0^2}x^{(\omega)}[x^{(\omega)}]^* \\ &= \frac{-3De^2 E^{(\omega)}[E^{(\omega)}]^*}{2m^3\mathcal{D}(0)\mathcal{D}(\omega)\mathcal{D}(-\omega)}\end{aligned} \tag{2.35}$$

$$x^{(2\omega)} = \frac{-3De^2[E^{(\omega)}]^2}{2m^3[\mathcal{D}(\omega)]^2\mathcal{D}(2\omega)} \tag{2.36}$$

のように得られる．

電子が変位すると電気双極子モーメント

$$-e\,x(t) \tag{2.37}$$

を生じるので，媒質に生じる分極は，単位体積当りの電子の個数 N を用いて

$$P(t) = -eN\,x(t) \tag{2.38}$$

と表される．これより，電場の2乗に比例する分極 $P^{(2)}(t)$ は，直流成分と 2ω 成分との和として

$$P^{(2)}(t) = P^{(0)} + \left[\frac{1}{2}P^{(2\omega)}\exp(-2i\omega t) + \text{c.c.}\right] \quad (2.39)$$

のように表され，それぞれ各成分の振幅は，

$$P^{(0)} = \frac{3DNe^3 E^{(\omega)}[E^{(\omega)}]^*}{2m^3 \mathcal{D}(0)\mathcal{D}(\omega)\mathcal{D}(-\omega)} \quad (2.40)$$

$$P^{(2\omega)} = \frac{3DNe^3 [E^{(\omega)}]^2}{2m^3 [\mathcal{D}(\omega)]^2 \mathcal{D}(2\omega)} \quad (2.41)$$

と求められる．これらは2次の非線形感受率を用いて，

$$P^{(0)} = \frac{\varepsilon_0}{2}\chi^{(2)}(0;-\omega,\omega)E^{(\omega)}[E^{(\omega)}]^* \quad (2.42)$$

$$P^{(2\omega)} = \frac{\varepsilon_0}{2}\chi^{(2)}(2\omega;\omega,\omega)[E^{(\omega)}]^2 \quad (2.43)$$

のように表されるはずであるから，以上より2次の非線形感受率がそれぞれ

$$\chi^{(2)}(0;-\omega,\omega) = \frac{3DNe^3}{\varepsilon_0 m^3 \mathcal{D}(0)\mathcal{D}(\omega)\mathcal{D}(-\omega)} \quad (2.44)$$

$$\chi^{(2)}(2\omega;\omega,\omega) = \frac{3DNe^3}{\varepsilon_0 m^3 [\mathcal{D}(\omega)]^2 \mathcal{D}(2\omega)} \quad (2.45)$$

のように得られる．

なお，線形感受率 $\chi(\omega)$ は，

$$\chi(\omega) = \frac{Ne^2}{\varepsilon_0 m \mathcal{D}(\omega)} \quad (2.46)$$

で与えられるから，これを用いて

$$\chi^{(2)}(0;-\omega,\omega) = \frac{3D\varepsilon_0^2}{N^2 e^3}\chi(0)\chi(-\omega)\chi(\omega) \quad (2.47)$$

$$\chi^{(2)}(2\omega;\omega,\omega) = \frac{3D\varepsilon_0^2}{N^2 e^3}\chi(2\omega)[\chi(\omega)]^2 \quad (2.48)$$

のように表すこともできる．これらは，それぞれ光整流と第2高調波発生の過程を記述する非線形感受率である．

同様にして，和周波発生，差周波発生を表す非線形感受率も求めることができる．その場合，入射光が2つの角周波数 ω_1 と ω_2 の成分から成るとして，

$$E(t) = \frac{1}{2}E^{(\omega_1)}\exp(-i\omega_1 t) + \frac{1}{2}E^{(\omega_2)}\exp(-i\omega_2 t) + \text{c.c.} \quad (2.49)$$

と表すと，2次の非線形分極は角周波数 $2\omega_1$, $2\omega_2$, 0, $\omega_1+\omega_2$, $\omega_1-\omega_2$ の成分を持つ．そのうち，和周波，差周波の成分をそれぞれ

$$P_{\text{sum}}(t) = \frac{1}{2}P^{(\omega_1+\omega_2)}\exp[-i(\omega_1+\omega_2)t] + \text{c.c.} \quad (2.50)$$

$$P_{\text{dif}}(t) = \frac{1}{2}P^{(\omega_1-\omega_2)}\exp[-i(\omega_1-\omega_2)t] + \text{c.c.} \quad (2.51)$$

とすると，各成分の振幅は

$$P^{(\omega_1+\omega_2)} = \frac{3DNe^3 E^{(\omega_1)}E^{(\omega_2)}}{m^3\mathcal{D}(\omega_1)\mathcal{D}(\omega_2)\mathcal{D}(\omega_1+\omega_2)} \quad (2.52)$$

$$P^{(\omega_1-\omega_2)} = \frac{3DNe^3 E^{(\omega_1)}[E^{(\omega_2)}]^*}{m^3\mathcal{D}(\omega_1)\mathcal{D}(-\omega_2)\mathcal{D}(\omega_1-\omega_2)} \quad (2.53)$$

と求められ，

$$P^{(\omega_1+\omega_2)} = \varepsilon_0 \chi^{(2)}(\omega_1+\omega_2;\omega_1,\omega_2)E^{(\omega_1)}E^{(\omega_2)} \quad (2.54)$$

$$P^{(\omega_1-\omega_2)} = \varepsilon_0 \chi^{(2)}(\omega_1-\omega_2;-\omega_2,\omega_1)[E^{(\omega_2)}]^*E^{(\omega_1)} \quad (2.55)$$

より，2次の感受率がそれぞれ

$$\chi^{(2)}(\omega_1+\omega_2;\omega_1,\omega_2) = \frac{3DNe^3}{\varepsilon_0 m^3\mathcal{D}(\omega_1)\mathcal{D}(\omega_2)\mathcal{D}(\omega_1+\omega_2)} \quad (2.56)$$

$$= \frac{3D\varepsilon_0^2}{N^2 e^3}\chi(\omega_1+\omega_2)\chi(\omega_1)\chi(\omega_2) \quad (2.57)$$

$$\chi^{(2)}(\omega_1-\omega_2;-\omega_2,\omega_1) = \frac{3DNe^3}{\varepsilon_0 m^3\mathcal{D}(\omega_1)\mathcal{D}(-\omega_2)\mathcal{D}(\omega_1-\omega_2)} \quad (2.58)$$

$$= \frac{3D\varepsilon_0^2}{N^2 e^3} \chi(\omega_1 - \omega_2)\chi(\omega_1)\chi(-\omega_2) \quad (2.59)$$

と得られる．

なお，これらの式に現れる負の周波数に対する感受率 $\chi(-\omega)$ は，感受率 $\chi(\omega)$ の表式の ω に $-\omega$ を代入することで得られるものであり，一般に

$$\chi(-\omega) = [\chi(\omega)]^* \quad (2.60)$$

の関係が成り立つ．

以上より，非調和振動子模型によると，2次の非線形感受率は線形感受率の積で表される．それにより，それぞれの線形感受率が共鳴により大きくなるときに，非線形感受率も大きくなることが示される．例えば和周波発生であれば，$\hbar\omega_1$, $\hbar\omega_2$, $\hbar(\omega_1 + \omega_2)$ のいずれかが媒質の準位間のエネルギー差に近くなるときに，共鳴効果により効率が増大することになる．

また，さまざまな物質に関する測定結果より，

$$\chi^{(2)}(\omega_1 + \omega_2; \omega_1, \omega_2) = \delta\chi(\omega_1 + \omega_2)\chi(\omega_1)\chi(\omega_2) \quad (2.61)$$

と書いたときの比例係数 δ が，反転対称性のない物質では物質によらずほぼ一定であることが知られており，これを**ミラー則** (Miller's rule) と呼ぶ．テンソル成分を考慮すると，この式は，

$$\chi^{(2)}_{ijk}(\omega_1 + \omega_2; \omega_1, \omega_2) = \delta_{ijk}\chi_{ii}(\omega_1 + \omega_2)\chi_{jj}(\omega_1)\chi_{kk}(\omega_2) \quad (2.62)$$

のように表される．

いま，簡単に非線形性の大きさを見積もることで，ミラー則が妥当であることを確かめよう．ミラー則を (2.57) と比較することにより，

$$\frac{D\varepsilon_0^2}{N^2 e^3} \quad (2.63)$$

が物質によらないことが結論される．(2.24) の非調和項の大きさは物質によって異なるが，大まかには，変位 x が原子間距離 d_{lattice} ほどのときに調和項と同じオーダーになると考えてよいであろう．すなわち

$$D \cong \frac{m\omega_0^2}{2d_{\text{lattice}}} \qquad (2.64)$$

が成り立つ．ここに現れる定数 m, ω_0, d_{lattice} や，上の式の N はどれも，物質の種類によって大きく異ならないので，結果としてミラー則が成り立つことになる．ミラー則は，媒質の線形な光学的性質がわかれば，非線形光学的性質もほぼ予測できることを示している．それによると，線形感受率が大きいほど，非線形感受率も大きくなることが予測される．

2.4 非線形光学係数テンソル

光電場と非線形分極がベクトルであることを考慮すると，2 次の非線形光学係数や非線形感受率は 3 階のテンソルとなる．このとき，(2.1) や (2.18) は，ベクトルやテンソルの各成分を用いて，それぞれ

$$P_i^{(2)} = \varepsilon_0 \sum_{j,k} \chi_{ijk}^{(2)} E_j E_k \qquad (2.65)$$

$$P_i^{(2\omega)} = \varepsilon_0 \sum_{j,k} d_{ijk} E_j^{(\omega)} E_k^{(\omega)} \qquad (2.66)$$

のように書かれる．ここで i, j, k には x, y, z のどれかが入る．また，x, y, z の代わりに 1, 2, 3 を用いて表すこともある．媒質の対称性や非線形性の物理的起源などに応じて，各テンソル成分の間には決まった関係が成り立ち，またゼロになる成分がある．

例えば，第 2 高調波発生を記述する非線形光学係数 d について以下の関係が成り立つ．(2.66) に現れる d_{ijk} は，より正確には $d_{ijk}(2\omega;\omega,\omega)$ と表され，添字 j と k の入れ替えに関して不変である．すなわち，

$$d_{ijk}(2\omega;\omega,\omega) = d_{ikj}(2\omega;\omega,\omega) \qquad (2.67)$$

が成り立つ．この関係は，非線形感受率の固有置換対称性と呼ばれる性質の，一つの表れである．これについては 5.1.2 項において詳しく記した．

また，関係する光と分極の周波数が媒質の共鳴周波数よりも十分に小さい場合は，非線形感受率や非線形光学係数の周波数依存性が無視でき，その結果，添字 i, j, k を自由に入れ替えても値が変わらないという，**クラインマンの対称性** (Kleinman's symmetry) が成り立つ．すなわち，

$$d_{ijk} = d_{jki} = d_{kij} = d_{ikj} = d_{kji} = d_{jik} \tag{2.68}$$

$$\chi^{(2)}_{ijk} = \chi^{(2)}_{jki} = \chi^{(2)}_{kij} = \chi^{(2)}_{ikj} = \chi^{(2)}_{kji} = \chi^{(2)}_{jik} \tag{2.69}$$

となる．この場合，d_{ijk} の 27 個の成分のうち独立なものは 10 個だけである．

このようにクラインマンの対称性が成り立つ場合や，第 2 高調波発生の場合には，添字 j と k を交換しても d の値が変わらないので，d_{ijk} の代わりに添字の数を減らした表記法 d_{il} を用いることが多い．これを非線形光学係数の**縮約表現** (contracted notation) という．ただし，ここで添字 jk と l とは以下のように対応する．

$$\begin{array}{c} jk: \quad 11 \quad 22 \quad 33 \quad 23,32 \quad 31,13 \quad 12,21 \\ l: \quad 1 \quad\;\, 2 \quad\;\, 3 \quad\;\;\, 4 \quad\quad\;\;\, 5 \quad\quad\;\;\, 6 \end{array} \tag{2.70}$$

また，厳密には添字 j と k に対して対称性がない場合（例えば和周波発生，差周波発生）においても，近似的には $d_{ijk} = d_{ikj}$ が成り立つ場合が多いので，縮約表現はそのような場合にも用いられることがある．

縮約表現を用いると，非線形光学係数は，3×6 の行列によって

$$d_{il} = \begin{pmatrix} d_{11} & d_{12} & d_{13} & d_{14} & d_{15} & d_{16} \\ d_{21} & d_{22} & d_{23} & d_{24} & d_{25} & d_{26} \\ d_{31} & d_{32} & d_{33} & d_{34} & d_{35} & d_{36} \end{pmatrix} \tag{2.71}$$

のように表される．クラインマンの対称性が成り立つ場合は，10 個の独立な要素だけを用いて，

$$d_{il} = \begin{pmatrix} d_{11} & d_{12} & d_{13} & d_{14} & d_{15} & d_{16} \\ d_{16} & d_{22} & d_{23} & d_{24} & d_{14} & d_{12} \\ d_{15} & d_{24} & d_{33} & d_{23} & d_{13} & d_{14} \end{pmatrix} \tag{2.72}$$

と表すことができる．

2.4 非線形光学係数テンソル

これらの行列を用いると,第2高調波発生過程を表す非線形分極の振幅は,

$$\begin{pmatrix} P_x^{(2\omega)} \\ P_y^{(2\omega)} \\ P_z^{(2\omega)} \end{pmatrix} = \varepsilon_0 \begin{pmatrix} d_{11} & d_{12} & d_{13} & d_{14} & d_{15} & d_{16} \\ d_{21} & d_{22} & d_{23} & d_{24} & d_{25} & d_{26} \\ d_{31} & d_{32} & d_{33} & d_{34} & d_{35} & d_{36} \end{pmatrix} \begin{pmatrix} [E_x^{(\omega)}]^2 \\ [E_y^{(\omega)}]^2 \\ [E_z^{(\omega)}]^2 \\ 2E_y^{(\omega)}E_z^{(\omega)} \\ 2E_x^{(\omega)}E_z^{(\omega)} \\ 2E_x^{(\omega)}E_y^{(\omega)} \end{pmatrix} \quad (2.73)$$

と表される.同様に,ω_1 と ω_2 から $\omega_3 = \omega_1 + \omega_2$ を発生する和周波発生の場合は,

$$\begin{pmatrix} P_x^{(\omega_3)} \\ P_y^{(\omega_3)} \\ P_z^{(\omega_3)} \end{pmatrix} = 2\varepsilon_0 \begin{pmatrix} d_{11} & d_{12} & d_{13} & d_{14} & d_{15} & d_{16} \\ d_{21} & d_{22} & d_{23} & d_{24} & d_{25} & d_{26} \\ d_{31} & d_{32} & d_{33} & d_{34} & d_{35} & d_{36} \end{pmatrix} \begin{pmatrix} E_x^{(\omega_1)}E_x^{(\omega_2)} \\ E_y^{(\omega_1)}E_y^{(\omega_2)} \\ E_z^{(\omega_1)}E_z^{(\omega_2)} \\ E_y^{(\omega_1)}E_z^{(\omega_2)} + E_z^{(\omega_1)}E_y^{(\omega_2)} \\ E_x^{(\omega_1)}E_z^{(\omega_2)} + E_z^{(\omega_1)}E_x^{(\omega_2)} \\ E_x^{(\omega_1)}E_y^{(\omega_2)} + E_y^{(\omega_1)}E_x^{(\omega_2)} \end{pmatrix}$$
$$(2.74)$$

となる.

入射光の偏光状態が決まっていて,さらに発生する非線形分極についても特定の偏光成分のみを考慮する場合は,それぞれの振幅のみを考えることで,実効的に非線形光学係数をスカラーと見なすことができる.そのような場合,**実効的非線形光学係数** $d_{\rm eff}$ を用いて,第2高調波発生では

$$P^{(2\omega)} = \varepsilon_0 d_{\rm eff}[E^{(\omega)}]^2 \quad (2.75)$$

和周波発生では,

$$P^{(\omega_3)} = 2\varepsilon_0 d_{\rm eff} E^{(\omega_1)} E^{(\omega_2)} \quad (2.76)$$

のように表すことができる.

2.5 非線形光学結晶と対称性

2次の非線形光学効果を利用するためには，反転対称性を持たない媒質が必要である．2次の非線形光学媒質としては，多くの場合，反転対称性を持たない結晶が用いられる．結晶はそれぞれ結晶構造によって決まった対称性を持ち，すべての結晶はその結晶構造の対称性により 32 の**結晶群**（symmetry class）のうちのどれかに分類される．それぞれの結晶群（結晶族ともいう）は，対応する結晶点群（crystallographic point group）によって表され

2軸性結晶

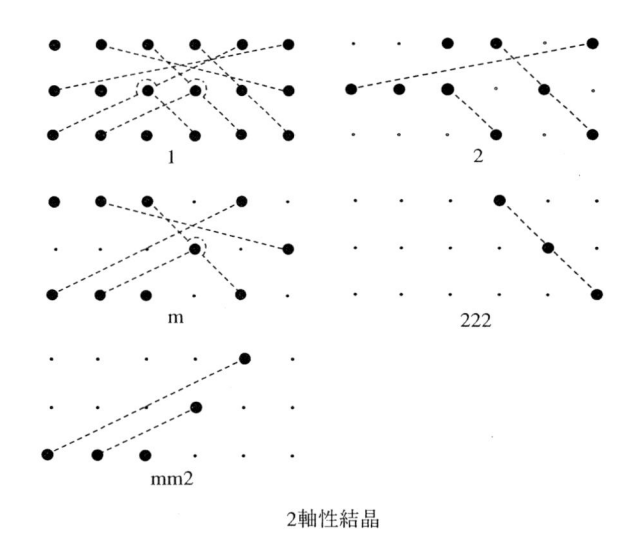

図 2.3 2軸性結晶の各結晶群に属する結晶の非線形光学係数のテンソル成分．小さな丸はその成分がゼロであることを，大きな丸はゼロでないことを示す．破線は，クラインマンの対称性が成り立つときに等しくなる成分を結んでいる．この図と図 2.4, 図 2.5 は，章末の参考文献 [1] を参考にして作成した．

2.5 非線形光学結晶と対称性

[図: 各結晶群 3, 3m, $\bar{6}$, $\bar{6}$m2, 6,4, 6mm, 4mm, 622, 422, $\bar{4}$, 32, $\bar{4}$2m のテンソル成分の図]

1軸性結晶

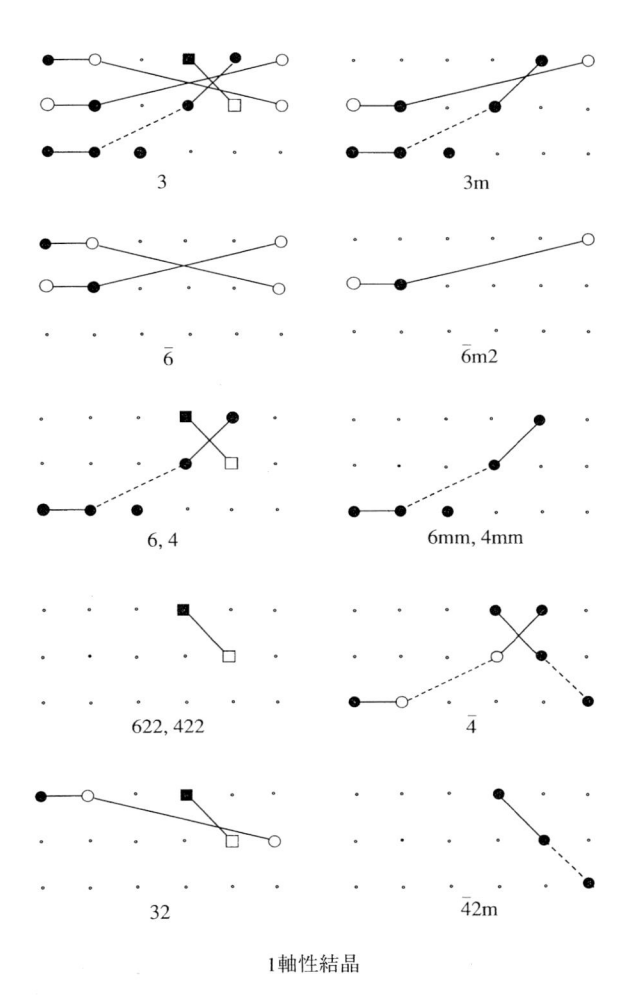

図 2.4 1軸性結晶の各結晶群に属する結晶の非線形光学係数のテンソル成分．実線で結ばれた成分は互いに等しい．白丸は，実線でつながれている黒丸の成分と符号が反転していることを示す．四角は，クラインマンの対称性によりゼロになることを示す．

る．なお結晶点群とは，回転や反転などの操作のうち，その結晶の原子の位置を変えないもの全体の集合がつくる，数学的な群（ぐん）のことである．それぞれの結晶群ごとに，非線形光学係数テンソルの各成分間に決まった関係があり，独立でゼロでない成分の数は限られる．全部で 32 ある結晶群のうち反転対称性のないものは 21 ある．そのうち，結晶群'432'の結晶は非線形光学係数がすべてゼロになる．

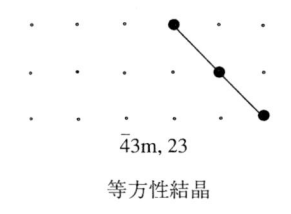

図 2.5 等方性結晶の各結晶群に属する結晶の非線形光学係数のテンソル成分．なお，結晶群 432 に属する結晶は反転対称性を持たないが，非線形光学係数はすべての成分がゼロとなる．

非線形光学係数テンソルがゼロでない成分を持つ 20 の結晶群について，各成分間の関係を図 2.3 〜 2.5 に示した．非線形光学媒質として用いられる代表的な 2 次の非線形光学結晶の例として，GaAs, GaP, ZnTe, KDP（KH_2PO_4：potassium dihydrogen phosphate），BBO（$\beta\text{-}BaB_2O_4$：beta-barium borate），$LiNbO_3$（ニオブ酸リチウム：lithium niobate），KTP（$KTiOPO_4$：potassium titanyl phosphate），LBO（LiB_3O_5：lithium triborate）

表 2.2 2 次の非線形光学結晶における非線形光学係数の例．CGS 静電単位系（esu）での値は，表の m/V 単位の値（表の数値に 10^{-12} を乗じたもの）に $(3/4\pi) \times 10^4$ を乗ずることで得られる．

非線形光学結晶	結晶群	d_{il} (pm/V)
GaAs	$\bar{4}3m$	$d_{14} = 90$
GaP	$\bar{4}3m$	$d_{14} = 100$
ZnTe	$\bar{4}3m$	$d_{14} = 129$
KDP	$\bar{4}2m$	$d_{36} = 0.6$
BBO	3m	$d_{22} = 2.3$
$LiNbO_3$	3m	$d_{33} = 34, d_{31} = 6, d_{22} = 2$
KTP	mm2	$d_{33} = 14, d_{31} = 6.5, d_{32} = 5$
LBO	mm2	$d_{31} = 1.1, d_{32} = 1.2$

のそれぞれについて，結晶群と非線形光学係数 d の測定値の例を表 2.2 に示した．ただし，d の値は測定に用いた非線形光学過程の種類や波長に依存するので，表の値は参考程度に留めるべきであろう．

2 次の非線形光学効果の主要な利用範囲である第 2 高調波発生やその他の波長変換においては，位相整合条件（1.8 節，2.6.2 項を参照のこと）を満足させるために，ほとんどの場合，媒質が複屈折性を有することが必要になる．このことと反転対称性を持たないこととは別なことであり，反転対称性を持つが複屈折性もある媒質や，逆に反転対称性がなく複屈折性もない媒質もあることに注意すべきである．それぞれの結晶群と複屈折性の関係については，付録の D.4 節を参照してほしい．複屈折性が大きく，かつ反転対称性のない媒質として，各種の強誘電性結晶があり，第 2 高調波発生などに用いられる非線形光学結晶の多くは強誘電性結晶である．

結晶以外の 2 次の非線形光学媒質として，以下のものがある．

極性の大きな側鎖基を持つポリマーや極性分子をドープしたポリマーを，ガラス転移温度付近まで加熱しながら高電圧を印加することで，側鎖基や極性分子を配向させることができる．これを電場配向ポリマー（poled polymer）といい，この方法で，大きな 2 次の非線形光学効果を持つ媒質を作製することができる．また，電場が印加されている媒質は，その電場により反転対称性が崩れているので，実効的に 2 次の非線形光学効果を有することになる．ただしこの場合，印加している電場も考慮に入れれば，電場が印加されていない媒質における 3 次の非線形光学効果であると見なすこともできる．電場誘起第 2 高調波発生はこの例である．

2.6 第 2 高調波発生

1961 年にフランケン（Franken）ら（章末の参考文献 [2]）によって第 2 高調波の発生が確認されたことで，非線形光学という新しい分野が始まった．

それ以来, 現在に至るまで, 第2高調波発生 (SHG) は, 非線形光学の中心的なテーマであり続けている. 以下では, 第2高調波発生に関する重要な事項について述べていく. ただし, ここで述べる位相整合や, 集光した光による非線形光学効果といったいくつかの項目は, 他の非線形光学現象においてもほぼ共通して成り立つので, 必要に応じて参照してほしい.

2.6.1 伝搬方程式

2次の非線形感受率を有する媒質に, 角周波数 ω の強力な光 (基本波という) が入射すると, (2.3), (2.4) で表されるように角周波数 2ω で振動する分極が生じ, その振幅は基本波の光電場の振幅の2乗に比例する. そのようにして生じた分極からは, 図2.6のように, 角周波数 2ω で振動する光, すなわち第2高調波が発生する. これを記述する伝搬方程式については, より一般的な形ですでに1.8節に記した. SHGの場合について, もう一度初めから見ていこう.

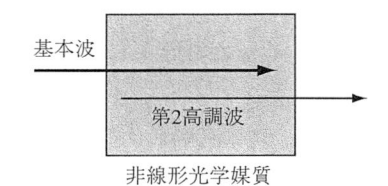

図2.6 第2高調波発生

基本波の進行方向を z 軸に取り, 波数ベクトルの大きさを $|\mathbf{k}_1| = k_1$ とする. すると基本波の光電場は, 空間的な依存性を含めて

$$E_1(z,t) = \frac{1}{2}A_1(z)\exp[i(k_1 z - \omega t)] + \text{c.c.} \qquad (2.77)$$

と表される. 記号の用い方は1.8節に倣った. このとき非線形分極のうちの角周波数 2ω の成分は, 非線形光学係数 d を用いて

$$P^{\text{NL}}(z,t) = \frac{\varepsilon_0 d}{2}[A_1(z)]^2 \exp[i(2k_1 z - 2\omega t)] + \text{c.c.} \qquad (2.78)$$

と表される．この非線形分極によって発生する角周波数 2ω の電場を

$$E_2(z,t) = \frac{1}{2}A_2(z)\exp[i(k_2 z - 2\omega t)] + \text{c.c.} \qquad (2.79)$$

とおくと，(1.51) は

$$\frac{dA_2(z)}{dz} = \frac{i(2\omega)^2}{2c^2 k_2}d\,[A_1(z)]^2 \exp(i\,\Delta k\,z) \qquad (2.80)$$

となる．ここで

$$\Delta k \equiv 2k_1 - k_2 \qquad (2.81)$$

とおいた．

非線形光学媒質の入射面の位置を $z=0$ とし，非線形光学媒質に基本波のみが入射したとすると，この位置においては非線形分極による電場はまだ発生していないので，$A_2(0) = 0$ である．さらに，さしあたり SHG の発生効率があまり大きくない場合を考えて，$A_1(z)$ は一定，すなわち $A_1(z) = A_1(0)$ としてみよう．すると，

$$\begin{aligned}A_2(z) &= \frac{2i\omega^2}{c^2 k_2}d\,[A_1(0)]^2 \exp\left(\frac{i\,\Delta k\,z}{2}\right)\frac{\sin(\Delta k\,z/2)}{\Delta k/2} \\ &= \frac{2i\omega^2}{c^2 k_2}d\,[A_1(0)]^2 \exp\left(\frac{i\,\Delta k\,z}{2}\right)z\,\text{sinc}\,\frac{\Delta k\,z}{2}\end{aligned} \qquad (2.82)$$

が得られる．

基本波の強度を I_1，SHG 光の強度を I_2 とすると，

$$I_1 = \frac{n(\omega)}{2Z_0}|A_1(z)|^2 \qquad (2.83)$$

$$I_2 = \frac{n(2\omega)}{2Z_0}|A_2(z)|^2 \qquad (2.84)$$

と表される(付録 B.4 参照)．また $k_2 = n(2\omega)\cdot 2\omega/c$ であることを用いて，

$$I_2 = \frac{2Z_0\omega^2}{c^2[n(\omega)]^2 n(2\omega)}\left[d\,I_1 z\,\text{sinc}\,\frac{\Delta k\,z}{2}\right]^2 \qquad (2.85)$$

と表される.ただし,ここで $Z_0 = \sqrt{\mu_0/\varepsilon_0}$ は真空のインピーダンスであり,$n(\omega), n(2\omega)$ は,それぞれ角周波数 ω と 2ω における媒質の屈折率を表す.

2.6.2 位相整合

では,第2高調波発生における Δk は,通常の光学媒質においてどの程度の大きさを持つであろうか.波数 k_1,k_2 は角周波数 ω,2ω における屈折率 $n(\omega)$,$n(2\omega)$ を用いて,

$$k_1 = n(\omega) \cdot \frac{\omega}{c} \tag{2.86}$$

および

$$k_2 = n(2\omega) \cdot \frac{2\omega}{c} \tag{2.87}$$

と表されるので,

$$\Delta k = 2k_1 - k_2 = \frac{2\omega}{c}[n(\omega) - n(2\omega)] \tag{2.88}$$

であり,位相整合条件 $\Delta k = 0$ は,

$$\boxed{n(\omega) = n(2\omega)} \tag{2.89}$$

のときに満足される.

一般に,光学媒質の屈折率は周波数に依存する.特に,SHG に用いられるような透明媒質では,基本波,第2高調波の周波数領域で正常分散を示す.正常分散とは,媒質の屈折率が周波数が高いほど大きくなることをいう.すなわち,

$$n(2\omega) > n(\omega) \tag{2.90}$$

である.

典型的な値として $n(2\omega) - n(\omega) = 0.02$ とし,基本波の波長を $1\,\mu\mathrm{m}$ としてコヒーレンス長を計算すると,$l_c = 12.5\,\mu\mathrm{m}$ となる.したがって,非常

2.6 第2高調波発生

に短い距離しか SHG がコヒーレントに足し合わせられないことがわかる.

以下に述べるように,複屈折性 (birefringence) を持つ非線形光学媒質を用いることによりこの困難を乗り越え,(2.89) の位相整合条件を満足させることができる.この条件が満足されれば,SHG 光強度は非線形光学媒質の厚みの2乗に比例していくらでも大きくすることができる.実際には,基本波のエネルギーが第2高調波に移行することで,基本波の強度が伝搬距離と共に減ってくるので,SHG 光強度が無限に大きくなることはないが,基本波のエネルギーに対して数十％の変換効率は比較的容易に達成できる.複屈折性については,詳しくは付録 D を見ていただきたい.

複屈折性を有する光学媒質は光の進行方向に対して垂直な面内で二つの互いに垂直な軸を持ち,電磁波はそれぞれの軸に平行な電場成分がそれぞれ異なった屈折率を感じて伝搬する.すなわち二つの軸を x 軸,y 軸とすると,電場のそれぞれの軸に平行な成分 E_x, E_y に対して屈折率 n_x, n_y が存在し,それがお互いに異なる.n_x, n_y はそれぞれ周波数依存性(分散)を持っている.例えば,いま角周波数 ω から 2ω の範囲で $n_x > n_y$ であり,それぞれが正常分散を持っているとすると,図 2.7 に示すようにうまく条件を選ぶことによって $n_x(\omega) = n_y(2\omega)$ とすることができる可能性がある.

いま簡単のために,複屈折性の媒質として,1軸性の結晶を考える.実際,第2高調波発生に広く用いられる結晶の多くは1軸性である.1軸性結晶に

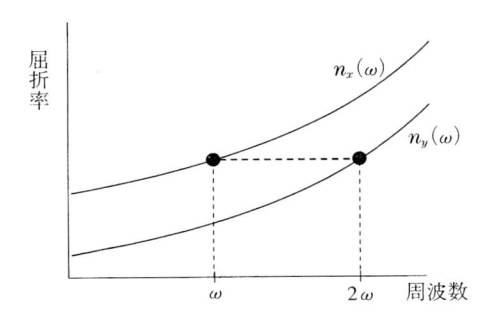

図 2.7 複屈折性による第2高調波発生の位相整合.複屈折性については,付録 D を参照のこと.

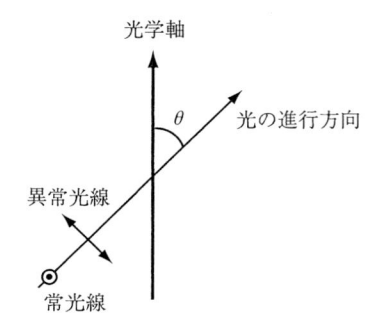

図2.8 1軸性結晶における光学軸，光の進行方向，常光線と異常光線の光電場の方向の間の関係

おいては，結晶に固定した特定の方向に光学軸が存在する．光学軸に対して角度 θ の方向に進行する光を考えると，図2.8に示すように，この光の偏光は，電場が光学軸に垂直な偏光と，光学軸方向にも電場成分を持つ偏光の，互いに垂直な二つの偏光成分に分けられる．電場が光学軸に垂直な偏光に対する屈折率は進行方向 θ によらないので，これを常光線 (ordinary wave) といい，それに対して進行方向により屈折率が変化する偏光成分を異常光線 (extraordinary wave) という．それぞれの屈折率を $n_\mathrm{o}(\theta)$, $n_\mathrm{e}(\theta)$ とおくと，θ 依存性は

$$n_\mathrm{o}(\theta) = n_\mathrm{o} \tag{2.91}$$

$$\frac{1}{[n_\mathrm{e}(\theta)]^2} = \frac{\cos^2\theta}{n_\mathrm{o}^2} + \frac{\sin^2\theta}{n_\mathrm{e}^2} \tag{2.92}$$

のように与えられる．ここに現れる n_o と n_e の大小によって，$n_\mathrm{e} > n_\mathrm{o}$ の場合を正 (positive) の1軸性結晶，$n_\mathrm{e} < n_\mathrm{o}$ の場合を負 (negative) の1軸性結晶という．

いま例えば負の1軸性結晶の場合を考えると（第2高調波発生に用いられるほとんどの結晶は負の1軸性結晶である），n_o と n_e の進行方向依存性は，図2.9のようにそれぞれ円と楕円の径の長さとして表される．すなわち，光学軸から角度 θ の方向に進行する光の屈折率は，図で鉛直方向を光学軸方向として，それから角度 θ の方向に原点から引いた直線と，図の円または楕円

2.6 第2高調波発生

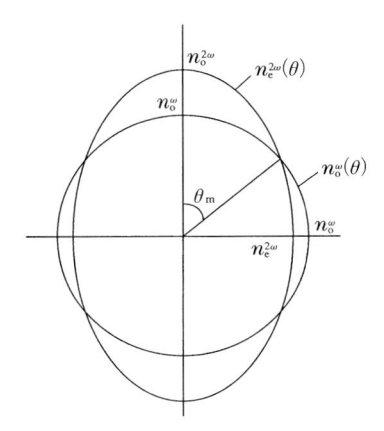

図2.9 負の1軸性結晶における位相整合

との交点の，原点からの距離によって表される．図には，基本波の常光線の屈折率 $n_\mathrm{o}^\omega(\theta)$ と第2高調波の異常光線の屈折率 $n_\mathrm{e}^{2\omega}(\theta)$ の方向依存性が描かれている．媒質が正常分散であるとすると，$n_\mathrm{o}^{2\omega} > n_\mathrm{o}^\omega$ である．$\theta = 0$ の位置では，(2.92) より $n_\mathrm{e}^{2\omega}(\theta)$ は $n_\mathrm{o}^{2\omega}$ に等しいので，$n_\mathrm{e}^{2\omega}(\theta)$ を表す楕円は $n_\mathrm{o}^\omega(\theta)$ を表す円より外側にある．それに対し $\theta = \pm\pi/2$ では，$n_\mathrm{e}^{2\omega}(\theta) = n_\mathrm{e}^{2\omega} < n_\mathrm{o}^{2\omega}$ となるので，$n_\mathrm{e}^{2\omega}(\theta)$ の楕円は $n_\mathrm{o}^\omega(\theta)$ の円に近づく．媒質の複屈折性が大きくて $n_\mathrm{e}^{2\omega} < n_\mathrm{o}^\omega$ を満たせば，$n_\mathrm{e}^{2\omega}(\theta)$ の楕円は，$\theta = \pm\pi/2$ の位置で分散の効果に打ち勝って $n_\mathrm{o}^\omega(\theta)$ の円の内側に入るので，楕円と円とには交点が存在する．光の進行方向がその交点の角度 θ_m に一致するとき，

$$n_\mathrm{e}^{2\omega}(\theta_\mathrm{m}) = n_\mathrm{o}^\omega(\theta_\mathrm{m})$$

が成り立ち，位相整合条件が満足される．この θ_m は

$$\sin^2\theta_\mathrm{m} = \left[\frac{1}{(n_\mathrm{o}^\omega)^2} - \frac{1}{(n_\mathrm{o}^{2\omega})^2}\right] \Big/ \left[\frac{1}{(n_\mathrm{e}^{2\omega})^2} - \frac{1}{(n_\mathrm{o}^{2\omega})^2}\right] \tag{2.93}$$

で与えられる．これを満たす θ_m は基本波の角周波数 ω によって変化し，一般にある特定の周波数範囲でのみ存在する．正の1軸性結晶の場合は，同様に

$$n_\mathrm{e}^\omega(\theta_\mathrm{m}) = n_\mathrm{o}^{2\omega}(\theta_\mathrm{m}) \tag{2.94}$$

を満たす θ_m が存在する可能性がある．このように，位相整合条件を満たす光の進行角 θ_m を **位相整合角**（phase matching angle）という．

以上のように，うまく光の進行方向を調整すると正の1軸性結晶の場合には，異常光線の偏光を持った基本波を入射することによって常光線の第2高調波が，また負の1軸性結晶の場合には常光線の偏光を持った基本波を入射することによって異常光線の第2高調波が，それぞれ発生する．このような位相整合の実現方法を **タイプI位相整合**（type I phase matching）と呼ぶ．タイプIという代わりに，基本波と第2高調波の偏光を示してooe位相整合のように表す方法もある．それに対して，常光線・異常光線の両方の偏光成分を持った基本波を用いて，例えば

$$\frac{1}{2}[n_\mathrm{o}^\omega(\theta_\mathrm{m}) + n_\mathrm{e}^\omega(\theta_\mathrm{m})] = n_\mathrm{e}^{2\omega}(\theta_\mathrm{m}) \tag{2.95}$$

のような位相整合条件を用いて第2高調波を発生させる方法を **タイプII**（type II）**位相整合**と呼ぶ．これらを表2.3にまとめた．正常分散媒質では，一般にタイプIに比べてタイプII位相整合の方が実現しにくい．

表2.3 1軸性結晶における第2高調波発生の位相整合の種類と偏光の組み合わせ

負の1軸性結晶		偏光		正の1軸性結晶		偏光	
		ω	2ω			ω	2ω
タイプI	ooe	o	e	タイプI	eeo	e	o
タイプII	oee(eoe)	o, e	e	タイプII	oeo(eoo)	o, e	o

基本波の進行方向に対して，非線形光学結晶の角度を変えながら発生する第2高調波の強度を測定すると，位相整合条件からのずれが変化するので，強度は角度に対して図2.10のように振動する（章末の参考文献 [3]）．これを **メイカーフリンジ**（Maker fringe）といい，非線形光学係数の測定などの目的で用いられる．また，非線形光学結晶の表面と裏面を平行からずらして，

2.6 第2高調波発生

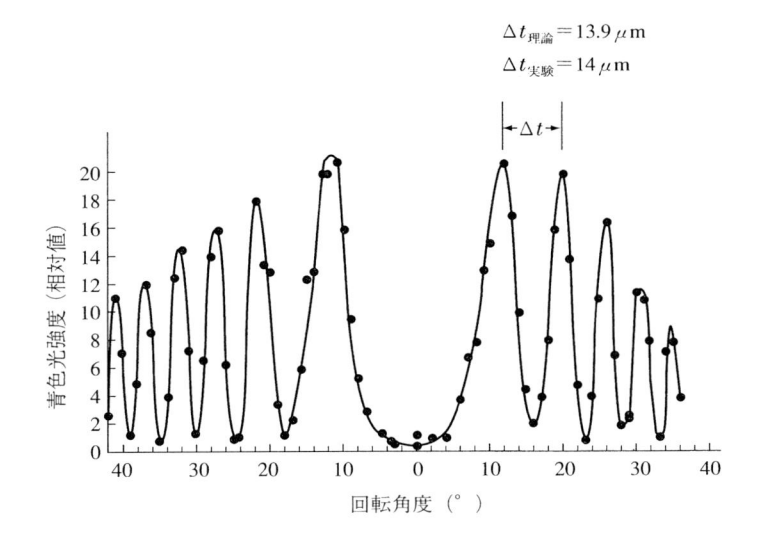

図2.10 メイカーフリンジの例（章末の参考文献 [3]）．厚さ780 μm の石英を回転させて測定された第2高調波強度．(P.D. Maker, R.W. Terhune, M. Nisenoff and C.M. Savage : Phys. Rev. Lett. 8(1962)21 より許可を得て転載．)

入射位置によって厚みが異なるようにすると，入射位置の変化に対して第2高調波の強度が変動するが，これもメイカーフリンジということがある．

また，ここで見てきた方法は光の進行方向（あるいは光の進行方向に対して非線形光学結晶の角度）を調整することによって位相整合条件を満たす方法であり，**角度位相整合**と呼ばれる．それ以外に，温度による屈折率の変化を利用した**温度位相整合**なども用いられる．

非線形光学結晶の温度などを調節することによって，位相整合角を $\theta_m = \pi/2$ とすることが可能な場合がある．このような位相整合を**非臨界位相整合**（noncritical phase matching）という．非臨界位相整合では，ウォークオフ効果（付録の D.5 節を参照のこと）がないので，長い距離を伝搬させても基本波と第2高調波（タイプⅡ位相整合の場合は，さらに常光線と異常光線の基本波）のビームの重なりが完全に保たれるという利点がある．

一般に,複数の光ビームが同一方向に重なって進行する場合を共軸 (collinear) といい,進行方向の異なる光ビームが1点で交差する場合を非共軸 (noncollinear) といい表す.ここまでに述べた第2高調波発生は,共軸の光学配置によるものであるが,非共軸の配置も可能である.図2.11のように,

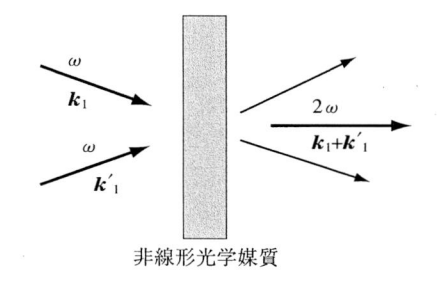

図 2.11 非共軸の第2高調波発生

k_1, k_1' のように波数ベクトルの異なる2つの基本波の光ビームを非線形光学媒質に入射したとき,第2高調波の波数ベクトル k_2 との間で,

$$k_2 = k_1 + k_1' \tag{2.96}$$

が満足されれば,k_2 の方向に第2高調波が発生する.この方向はちょうど,2つの入射ビームの進行方向の中間の方向である.これが**非共軸第2高調波発生** (noncollinear SHG) である.この場合,発生する第2高調波の強度は二つの基本波の強度それぞれに比例する.入射光に超短光パルスを用いた場合,両者が同時に入射した場合にのみ第2高調波が発生するので,両者の光パルスの相対的な遅延時間を変えながら測定を行うことによって,二つの光パルスの強度相関 (intensity correlation) を測定することができる.一つの光ビームをビームスプリッタなどで分割して二つの入射ビームとすれば,光パルスの強度自己相関 (intensity autocorrelation) を測定することができるので,この方法は超短光パルスのパルス幅の測定などに用いられる.

消えたスポット

フランケンらは,初めて第2高調波発生の観測に成功し,それを Physical Review Letters に発表した.彼らは,ルビーレーザーから得られる波長 694.3 nm の光を石英の結晶に入射することで,波長がその半分の 387.2 nm である

光を観測した．実験では，石英結晶を透過した光を，プリズム分光器によってスペクトルに分け，それを写真に撮った．論文には，そのスペクトル写真が掲載されているが，SHGを示すスポットが写っているはずの矢印の先には，何もない空白があるだけである．実は，基本波の大きなスポットに比べてSHGのスポットがあまりにも小さかったため，印刷の担当者がよごれと判断して，印刷から消してしまったのであった．

フランケンらは，石英結晶が反転対称性を持たないので，2次の非線形性がありSHGが実現できるはずだと予想した．そのようなことは，より低周波のエレクトロニクスで既に知られていたことであり，ここまでの読みは正しかったのだが，位相整合という非線形光学特有の概念についての理解が，彼らにはまだなかったのである．石英では，位相整合条件を満足することができないため，強い第2高調波を観測することができなかった．

2.6.3 結合方程式

位相整合条件が満たされると第2高調波が効率よく発生する．特に，第2高調波の強度が強くなる場合の振舞について考察するためには，入射光の強度の減少も考慮に入れなければならない．

いま，角周波数 ω の基本波の電場を

$$E_1(z,t) = \frac{1}{2}A_1(z)\exp[i(k_1z - \omega t)] + \text{c.c.} \quad (2.97)$$

とし，第2高調波の電場を

$$E_2(z,t) = \frac{1}{2}A_2(z)\exp[i(k_2z - 2\omega t)] + \text{c.c.} \quad (2.98)$$

とする．角周波数 2ω の非線形分極は，

$$P_2^{\text{NL}}(z,t) = \frac{1}{2}\varepsilon_0 d\,[A_1(z)]^2 \exp[i(2k_1z - 2\omega t)] + \text{c.c.} \quad (2.99)$$

と表され,また,第2高調波と基本波との差周波により,角周波数 ω の非線形分極

$$P_1^{\rm NL}(z,t) = \frac{1}{2} \cdot 2\varepsilon_0 d A_2(z)[A_1(z)]^* \exp[i(k_2-k_1)z - i\omega t] + {\rm c.c.}$$
(2.100)

が発生する.1.8節と同様の解き方をすると,(1.51)に相当するものとして,

$$\frac{dA_2(z)}{dz} = \frac{i\omega d}{c\,n(2\omega)}[A_1(z)]^2 \exp(i\,\Delta k\,z) \qquad (2.101)$$

$$\frac{d[A_1(z)]^*}{dz} = -\frac{i\omega d}{c\,n(\omega)} A_1(z)[A_2(z)]^* \exp(i\,\Delta k\,z) \qquad (2.102)$$

を得る.この場合,$\Delta k = 2k_1 - k_2$ である.ここで,$A_1(z)$ ではなく $[A_1(z)]^*$ についての方程式を書いたのは,以下の議論に使いやすい形にしただけである.

上記の2式は,基本波と第2高調波の電場振幅を表す $A_1(z)$ と $A_2(z)$ の間の結合方程式となっている.まず,光のエネルギーが保存されることを見ておこう.角周波数 ω と 2ω の光の強度をそれぞれ I_1, I_2 とし,両者を合わせた強度を $I = I_1 + I_2$ とすると,

$$I_1 = \frac{n(\omega)}{2Z_0}|A_1(z)|^2 \qquad (2.103)$$

$$I_2 = \frac{n(2\omega)}{2Z_0}|A_2(z)|^2 \qquad (2.104)$$

であり,(2.102) より

$$\frac{dI_1}{dz} = \frac{n(\omega)}{2Z_0}\left\{A_1(z)\frac{d[A_1(z)]^*}{dz} + {\rm c.c.}\right\}$$

$$= -\frac{i}{2}\omega\varepsilon_0 d\,[A_1(z)]^2[A_2(z)]^* \exp(i\,\Delta k\,z) + {\rm c.c.} \qquad (2.105)$$

と書けて,(2.101) より

2.6 第2高調波発生

$$\frac{dI_2}{dz} = \frac{n(2\omega)}{2Z_0}\left\{\frac{dA_2(z)}{dz}[A_2(z)]^* + \text{c.c.}\right\}$$

$$= \frac{i}{2}\omega\varepsilon_0 d\,[A_1(z)]^2[A_2(z)]^*\exp(i\,\Delta k\,z) + \text{c.c.} \quad (2.106)$$

となるので,

$$\frac{d}{dz}[I_1(z) + I_2(z)] = \frac{dI}{dz} = 0 \quad (2.107)$$

と,電磁波のエネルギーが保存されることが示される.

いま,位相整合が完全に満たされている($\Delta k = 0$)として,非線形光学媒質に基本波を入射したときに発生する第2高調波の強度について考えよう.一般に基本波と第2高調波の電場振幅 $A_1(z)$, $A_2(z)$ は複素数であるが,以下のようにして実数の量 $A'_1(z)$, $A'_2(z)$ を導入する.$z = 0$ における $A_1(z)$ の位相(偏角)を ϕ としたとき,$A'_1(z)$, $A'_2(z)$ を

$$A_1(z) = A'_1(z)\exp(i\phi) \quad (2.108)$$

$$A_2(z) = iA'_2(z)\exp(2i\phi) \quad (2.109)$$

によって定義する.すると,$A'_1(0)$ は実数であり,また,これらに対する方程式は

$$\frac{dA'_2(z)}{dz} = \frac{\omega d}{c\,n(2\omega)}[A'_1(z)]^2 \quad (2.110)$$

$$\frac{d[A'_1(z)]^*}{dz} = -\frac{\omega d}{c\,n(\omega)}A'_1(z)[A'_2(z)]^* \quad (2.111)$$

と実数のみで表されるので,$A'_1(z), A'_2(z)$ は常に実数である.このとき,保存量である全強度 I を用いて

$$[A'_1(z)]^2 = \frac{2Z_0}{n(\omega)}I - \frac{n(2\omega)}{n(\omega)}[A'_2(z)]^2 \quad (2.112)$$

と表されるので,(2.110)は,

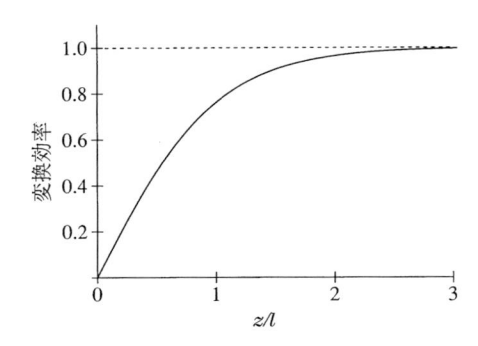

図2.12 位相整合条件が完全に満たされている場合の，第2高調波発生のエネルギー変換効率の伝搬距離依存性 $I\tanh^2(z/l)$.

$$\frac{dA'_2(z)}{dz} = \frac{\omega d}{c\,n(\omega)}\left\{\frac{2Z_0}{n(2\omega)}I - [A'_2(z)]^2\right\} \tag{2.113}$$

となる．これを初期条件 $A'_2(0) = 0$ の下で解くと，

$$A'_2(z) = \left\{\frac{2Z_0 I}{n(2\omega)}\right\}^{1/2}\tanh\frac{z}{l} \tag{2.114}$$

および

$$l \equiv \left\{\frac{Z_0[n(\omega)]^2 n(2\omega)}{2I}\right\}^{1/2}\cdot\frac{c}{\omega d} \tag{2.115}$$

あるいは，

$$I_2(z) = I\tanh^2\frac{z}{l} \tag{2.116}$$

が得られる．これをプロットすると図2.12のようになる．第2高調波の強度は伝搬距離と共に増加していき，エネルギー変換効率は100％に漸近する．

2.6.4　光子描像

第2高調波発生の位相整合条件の式

$$2k_1 = k_2 \tag{2.117}$$

あるいは，方向も含めた式

$$2\boldsymbol{k}_1 = \boldsymbol{k}_2 \tag{2.118}$$

は，第2高調波発生過程を量子力学的に考えて，角周波数 ω の光子二つが角周波数 2ω の光子一つに変換されたと見なすことによっても理解することができる．

このとき，関係する光子の間でエネルギー保存の関係

$$\hbar\omega + \hbar\omega = \hbar(2\omega) \tag{2.119}$$

が成り立つ．それに対して，運動量保存の式

$$\hbar \boldsymbol{k}_1 + \hbar \boldsymbol{k}_1 = \hbar \boldsymbol{k}_2 \tag{2.120}$$

が，位相整合条件と等しくなる．

2.6.5 擬位相整合

位相整合条件 $\Delta k = 0$ を満たすことが難しい場合に，媒質に周期性を持たせることにより，条件を緩和することができる．いま非線形光学媒質の何らかの性質が，ある方向に周期 Λ の周期性を持つようにされているとする．このとき，その構造は，大きさが $2\pi/\Lambda$ で方向が周期性の向きと同じであるベクトル $\boldsymbol{G}$ で表される．そのような媒質を伝搬する波数ベクトル $\boldsymbol{k}$ の波は，周期構造による回折により $\boldsymbol{G}$ だけ波数ベクトルが変化する．それが何度も起これば，波数ベクトルは $\boldsymbol{k}$ から $\boldsymbol{G}$ の整数倍だけ変化することになる．このように，波数ベクトル $\boldsymbol{G}$ で表される周期構造を持つ媒質を伝搬する光電場の波数ベクトルは，$\boldsymbol{G}$ の整数倍のあいまいさを持つことになる．その結果，位相整合条件は，$\Delta k = 0$ から

$$\Delta k + n G = 0 \quad (n：整数) \tag{2.121}$$

に緩和されることとなる．このような方法により位相整合条件を満足させる方法を**擬位相整合**（quasi-phase-matching）という．擬位相整合は，非線形光学過程を用いた光混合一般に対して有効であるが，ここでは，第2高調波発生について考察する．

擬位相整合を実現するための方法として，薄膜導波路の表面に凹凸をつけるといった方法もあるが，最も広く用いられるのは，**周期的分極反転**（periodical poling) を用いるものである．いま，第2高調波発生の位相不整合の大きさが Δk であるとする．非線形光学媒質を，図2.13のように長さ $\Lambda/2$ ごとに媒質の分極の向きを反転させて貼り合わせることで，周期 Λ の周期構造を作製する．このとき

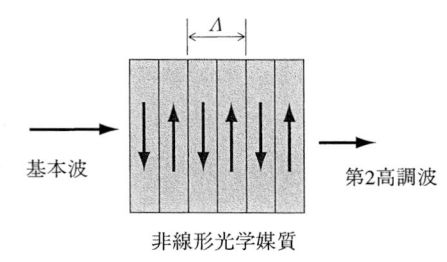

図2.13 擬位相整合による第2高調波発生

$$\frac{n}{\Lambda} = \Delta k \tag{2.122}$$

であれば，擬位相整合の条件を満足する．このうち $n=1$ の場合が，最も光混合の効率が高くなるので，ここではその場合について考える．

周期的に媒質の向きが反転することで，非線形光学係数は周期的に符号を変える．非線形光学係数 d を位置 z に依存するとして $d(z)$ と書くと，$d(z)$ は，$\Lambda/2$ ごとに d_{bulk} と $-d_{\text{bulk}}$ の値を交互に取るので，

$$d(z) = \begin{cases} d_{\text{bulk}} & \left(n\Lambda \leq z < \left(n+\frac{1}{2}\right)\Lambda\right) \\ -d_{\text{bulk}} & \left(\left(n+\frac{1}{2}\right)\Lambda \leq z < (n+1)\Lambda\right) \end{cases} \quad (n:整数) \tag{2.123}$$

のように表すことができる．これを，

$$d(z) = d_{\text{bulk}} \sum_{m=-\infty}^{\infty} a_m \exp\left(im\frac{2\pi}{\Lambda}z\right) \tag{2.124}$$

のようにフーリエ級数に展開すると，

$$a_m = \begin{cases} \dfrac{2i}{m\pi} & (m が奇数の場合) \\ 0 & (m が偶数の場合) \end{cases} \tag{2.125}$$

となる．

2.6 第2高調波発生

いま,媒質に入射する基本波の電場を

$$E_1(z,t) = \frac{1}{2}A_1(z)\exp[i(k_1 z - \omega t)] + \text{c.c.} \qquad (2.126)$$

とすると,角周波数 2ω の非線形分極は

$$P^{\text{NL}}(z,t) = \frac{\varepsilon_0 d(z)}{2}[A_1(z)]^2 \exp[i(2k_1 z - 2\omega t)] + \text{c.c.} \qquad (2.127)$$

となる.この非線形分極によって発生する角周波数 2ω の電場を

$$E_2(z,t) = \frac{1}{2}A_2(z)\exp[i(k_2 z - 2\omega t)] + \text{c.c.} \qquad (2.128)$$

とおくと,伝搬方程式は,

$$\frac{dA_2(z)}{dz} = \frac{i\omega}{c\,n(2\omega)}d(z)[A_1(z)]^2 \exp(i\,\Delta k\,z) \qquad (2.129)$$

となる.ここで

$$\Delta k \equiv 2k_1 - k_2 \qquad (2.130)$$

である.$A_1(z)$ が定数である ($A_1(z) = A_1(0)$) とし,(2.129) に (2.124) を代入すると,

$$\frac{dA_2(z)}{dz} = \frac{i\omega}{c\,n(2\omega)}d_{\text{bulk}}[A_1(0)]^2 \sum_{m=-\infty}^{\infty} a_m \exp\left[i\left(m\frac{2\pi}{\Lambda} + \Delta k\right)z\right] \qquad (2.131)$$

となる.第2高調波の電場振幅 $A_2(z)$ が z に比例して成長していくためには,ある整数 m に対して

$$m\frac{2\pi}{\Lambda} + \Delta k = 0 \qquad (2.132)$$

であればよく,もともとの位相整合条件 $\Delta k = 0$ と比べると条件が緩和されたことになる.これが満たされたときの実効的な非線形光学係数は,

$$d_{\text{eff}} = a_m d_{\text{bulk}} \qquad (2.133)$$

となる．(2.125) より，この絶対値は $m = \pm 1$ のときに最も大きくなり，その値は，

$$|d_{\text{eff}}| = \frac{2}{\pi} d_{\text{bulk}} \tag{2.134}$$

である．つまり，もともとの非線形光学媒質において，位相不整合 Δk があったとすると，ちょうど

$$\Lambda = \frac{2\pi}{\Delta k} \tag{2.135}$$

となるような周期 Λ で周期的に分極反転させれば，実効的に位相整合条件が満足されることになる．

このような擬位相整合の効果は，実空間での光の伝搬を考察することによっても，容易に理解できる．分極反転構造の各層の厚さは，コヒーレンス長 $\pi/\Delta k$ ((1.58) を参照) に等しいので，図 2.14 に示すように，コヒーレンス長ごとに分極を反転させることにより，発生する分極の位相を反転させ，

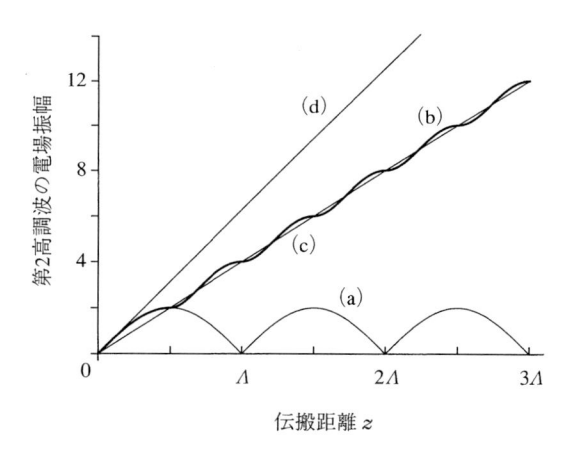

図 2.14 分極反転構造により発生する第 2 高調波の電場振幅の伝搬距離依存性．(a) 分極反転がない場合，(b) 分極反転により擬位相整合が行われた場合，(c) 実効的非線形光学係数 $d_{\text{eff}} = (2/\pi) d_{\text{bulk}}$ による近似，(d) 位相整合条件が完全に満たされている場合．

分極が打ち消し合うのを避けるようになっている．

2次の非線形光学媒質としてよく一般的に用いられる強誘電体材料では，融点近くまで温度を上げておいて高い電場を掛けると，電場の方向に分極を揃えることができる．その電場を周期的に反転させることで，周期的な分極反転を生成することができる．特にこのような方法で作成したLiNbO$_3$結晶は，周期的分極反転ニオブ酸リチウム（PPLN；periodically poled lithium niobate）と呼ばれ，広く普及している．PPLNには，バルク型と導波路型がある．

2.6.6　集光した光による第2高調波発生

ここまでの記述では，光は平面波として扱っていた．実際には，非線形光学効果をより強く生じさせるために，レーザー光を非線形光学媒質に集光するか，集光しないまでも細いビームとして照射することになる．高出力のレーザー光を強く集光すると，2光子吸収や，自己集束など，さまざまな非線形光学効果が生じ，望ましくない結果となるが，そのようなことが起きない光強度の範囲でも，目的とする非線形光学現象を最も効率よく起こすために最適な集光の条件が存在する．ここでは第2高調波発生について記すが，その他の非線形光学現象についても同様なことが成り立つ．

ここで，位相整合条件は満足されているとする．非線形光学媒質が薄い場合は，照射光を強く集光すればするほど，非線形光学効果が大きくなり，第2高調波の発生効率が上がるが，より高い変換効率を達成するためには，非線形光学媒質を厚くする必要がある．光ビームをより大きな角度で集光すると，ビームの最も細い位置でのサイズ（くびれのサイズ）はより小さくなり，その結果，その点での光の強度はより高くなるが，その前後ではビームはより急激に広がるため，ビームがその細さを保っている距離は，より短くなる．そのため，非線形光学媒質が十分な長さを持つ場合，実効的に利用される非線形光学媒質の長さが減少してしまうことになる．結果として，非線形光学

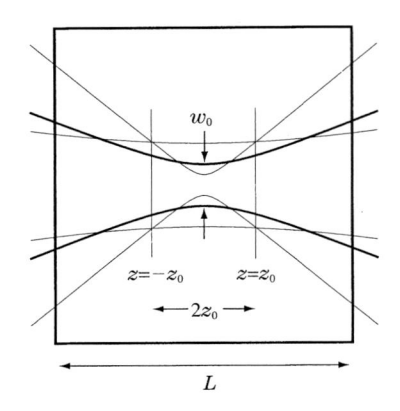

図2.15 長さ L の非線形光学媒質に集光したガウスビームのビームサイズ．太線が第2高調波の発生効率を最大にするもの．なお w_0 はビームのくびれの大きさ，$2z_0$ はコンフォーカルパラメータである（B.5節参照）．細線は，ビームのくびれのサイズが，最適のものと比べて2倍の場合と2分の1の場合である．

媒質の長さに応じて，それぞれ最適な集光の仕方があることとなる．章末の参考文献 [4] では，レーザー光をガウスビーム（詳細は付録の B.5 節を参照のこと）と見なして，第2高調波の発生効率を最大にする集光条件が計算されている．それによると，図2.15 に示されるように，ビームが最も細くなっている部分の長さを表すレイリー長 z_0 が非線形光学媒質の長さ L に対して $L = 5.68 z_0$ の関係になるような集光の仕方が最適となる．

見えないものを見る非線形光学

我々が普通にものを目で見たり，顕微鏡などを使って光学的な手段で観察したりする場合，我々は，対象物の線形光学的な性質を使っている．それに対して，非線形光学的な性質を使って対象物を見ることで，見えなかったものが見えるようになることがある．そのような例を紹介しよう．

第2高調波発生や和周波発生，差周波発生は，2次の非線形光学現象であり，反転対称性を持たない系でしか起きない．そこで，反転対称性を有する物質の中に，反転対称性のないものがごくわずか含まれているような系では，2次の非線形光学現象を観測することで，それらの反転対称性の崩れた部分のみを取

り出して観測することが可能になる.

ヒトの皮膚に存在するコラーゲンは，美容や健康を保つ上で重要な物質であるが，皮膚の中で結晶に近い構造になっており，その構造が反転対称性を持たないために，第2高調波発生を特異的に引き起こすことが知られている．したがって，皮膚にフェムト秒レーザー光を照射しながらスキャンし，その第2高調波の強度を測定すると，皮膚の中のコラーゲンの分布がわかる．

反転対称性を有する媒質であっても，その表面や，別の物質との間の界面（あるいは界面を挟む数分子から成る層）では，反転対称性が崩れているために，2次の非線形光学効果を持っている．したがって，第2高調波発生，和周波発生や差周波発生を観測することで表面や界面の近傍のみの情報を得ることができる．このような実験により，界面に吸着している分子のスペクトルや分子振動の振動数が界面に吸着していない分子のものとは異なることがわかったり，吸着している分子の向きがわかったりする．

非線形光学過程の選択則 (selection rule) が線形光学のものと異なることを用いることによっても，見えないものを見ることもできる．物質のエネルギー準位の間の遷移が入射光によって起きるかどうかは，それぞれの準位の波動関数の対称性によって決まっている．これを選択則という．これによれば，2つの準位があって，そのエネルギー間隔が入射光と共鳴していても，光の吸収や放出が生じない，つまり「見えない」場合がある．非線形光学過程の選択則が対応する線形光学過程のものと異なることを利用すると，そのような「見えない」ものを見ることができる．

2.7　3光波混合

3つの異なる角周波数 $\omega_1, \omega_2, \omega_3$ の間に，$\omega_1 + \omega_2 = \omega_3$ の関係が成り立つとき，これらの光は，図2.16のように，2次の非線形光学媒質のなかで互い

にエネルギーをやり取りする.すなわち,ω_1 と ω_2 の光からは和周波発生によって ω_3 の光が発生し,また ω_3 と ω_1 の光の差周波によって ω_2 の光が,ω_3 と ω_2 の光の差周波によって ω_1 の光が発生する.これらの過程をすべて合わせて,**3光波混合** (three-wave mixing) という.

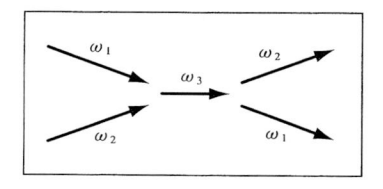

図 2.16 3 光波混合

いま,媒質中の光電場を

$$E(z,t) = \left\{\frac{1}{2}E_1(z)\exp[i(k_1z-\omega_1t)]+\text{c.c.}\right\}$$
$$+\left\{\frac{1}{2}E_2(z)\exp[i(k_2z-\omega_2t)]+\text{c.c.}\right\}$$
$$+\left\{\frac{1}{2}E_3(z)\exp[i(k_3z-\omega_3t)]+\text{c.c.}\right\} \quad (2.136)$$

のように表す.ここで,$E_1(z), E_2(z), E_3(z)$ は,ゆっくり変化する複素振幅であり,波数は,

$$k_i = \frac{n_i\omega_i}{c} \quad (2.137)$$

を満たすとする.ただし,$n_i \equiv n(\omega_i)$ は,角周波数 ω_i における媒質の屈折率である.これらから 2 次の非線形光学効果によって発生する非線形分極の角周波数 $\omega_1, \omega_2, \omega_3$ の成分は,

$$P^{\text{NL}}(z,t) = \left\{\frac{1}{2}\cdot 2\varepsilon_0 d E_3(z)[E_2(z)]^*\exp[i((k_3-k_2)z-\omega_1t)]+\text{c.c.}\right\}$$
$$+\left\{\frac{1}{2}\cdot 2\varepsilon_0 d E_3(z)[E_1(z)]^*\exp[i((k_3-k_1)z-\omega_2t)]+\text{c.c.}\right\}$$
$$+\left\{\frac{1}{2}\cdot 2\varepsilon_0 d E_1(z)E_2(z)\exp[i((k_1+k_2)z-\omega_3t)]+\text{c.c.}\right\}$$
$$(2.138)$$

となるので,各電場振幅が従う微分方程式は,(1.51) より

2.7 3光波混合

$$\frac{dE_1(z)}{dz} = \frac{iZ_0\omega_1}{2n_1} \cdot 2\varepsilon_0 d\, E_3(z)[E_2(z)]^* \exp(i\,\Delta k\,z) \quad (2.139)$$

$$\frac{dE_2(z)}{dz} = \frac{iZ_0\omega_2}{2n_2} \cdot 2\varepsilon_0 d\, E_3(z)[E_1(z)]^* \exp(i\,\Delta k\,z) \quad (2.140)$$

$$\frac{d[E_3(z)]^*}{dz} = -\frac{iZ_0\omega_3}{2n_3} \cdot 2\varepsilon_0 d\, [E_1(z)]^*[E_2(z)]^* \exp(i\,\Delta k\,z) \quad (2.141)$$

となる．ここで Δk は，

$$\Delta k \equiv k_3 - k_1 - k_2 \quad (2.142)$$

で与えられる．上の三つの式に，同一の Δk が共通して現れるので，同じ位相整合条件 $\Delta k = 0$ を満たすときに，これらの和周波発生，差周波発生が効率よく起こることがわかる．あるいは，方向も考慮に入れると，位相整合条件は，

$$\Delta \boldsymbol{k} \equiv \boldsymbol{k}_3 - \boldsymbol{k}_1 - \boldsymbol{k}_2 = 0 \quad (2.143)$$

となる．

3光波混合における位相整合の実現の仕方の種類を表2.4に示す．関係する三つの角周波数を小さい方から $\omega_1, \omega_2, \omega_3 = \omega_1 + \omega_2$ としたとき，それらの光の偏光の組み合わせを，それぞれの光の偏光が常光線か異常光線かによって'ooe'，'eoe' などと表す．また，第2高調波発生の場合と同じように，タイプI，タイプIIという表し方もされるが，第2高調波発生と異なり，入射光の周波数が二つあ

表2.4 1軸性結晶における3光波混合の位相整合の種類と偏光の組み合わせ．ここで，$\omega_1 + \omega_2 = \omega_3$ であり，$\omega_1 < \omega_2 < \omega_3$ とする．e は，異常光線，o は常光線を表す．

負の1軸性結晶			
	偏光		
	ω_1	ω_2	ω_3
タイプI	o	o	e
タイプII（タイプIIA）	e	o	e
タイプIII（タイプIIB）	o	e	e

正の1軸性結晶			
	偏光		
	ω_1	ω_2	ω_3
タイプI	e	e	o
タイプII（タイプIIA）	o	e	o
タイプIII（タイプIIB）	e	o	o

るため，タイプⅡ位相整合の場合が，二通りに分かれる．それらをタイプⅡとタイプⅢ，または，タイプⅡAとタイプⅡBと呼ぶ．例えば負の1軸性媒質では，'eoe' がタイプⅡまたはタイプⅡAであり，'oee' がタイプⅢまたはタイプⅡBである．一般に正常分散媒質では，タイプⅠに比べて，タイプⅡ（タイプⅡA）の条件を満足させることはより困難であり，タイプⅢ（タイプⅡB）は，さらに困難になる．ただし，ω_1 の光が遠赤外光である場合などでは，フォノン共鳴などにより媒質の分散が正常分散ではなくなる場合がある．このように異常分散領域を含む周波数範囲では，そのような比較は必ずしも成り立たないし，また，表中のもの以外の偏光の組み合わせで位相整合条件が満足されることもある．また，擬位相整合を用いた場合も同様である．そのような場合において，三つの光がすべて同じ偏光を持つ組み合わせ（"ooo" もしくは "eee"）を，タイプ0位相整合ということがある．

さて，上の微分方程式において，それぞれの角周波数の光の強度は，

$$I_i = \frac{n_i}{2Z_0} E_i E_i^* \qquad (i=1,2,3) \tag{2.144}$$

であるので，伝搬距離に対する光強度の変化は，それぞれ

$$\frac{dI_1}{dz} = \frac{i}{2}\omega_1\varepsilon_0 d\,[E_1(z)]^*[E_2(z)]^* E_3(z)\exp(i\,\Delta k\,z) + \text{c.c.} \tag{2.145}$$

$$\frac{dI_2}{dz} = \frac{i}{2}\omega_2\varepsilon_0 d\,[E_1(z)]^*[E_2(z)]^* E_3(z)\exp(i\,\Delta k\,z) + \text{c.c.} \tag{2.146}$$

$$\frac{dI_3}{dz} = -\frac{i}{2}\omega_3\varepsilon_0 d\,[E_1(z)]^*[E_2(z)]^* E_3(z)\exp(i\,\Delta k\,z) + \text{c.c.} \tag{2.147}$$

と求められる．これらの式を見比べることにより，

$$\frac{d}{dz}(I_1 + I_2 + I_3) = 0 \tag{2.148}$$

が得られるが，これは光のエネルギーの保存を表している．また，

$$\frac{d}{dz}\left(\frac{I_1}{\omega_1}\right) = \frac{d}{dz}\left(\frac{I_2}{\omega_2}\right) = -\frac{d}{dz}\left(\frac{I_3}{\omega_3}\right) \tag{2.149}$$

という関係も得られる．

ここで I_i/ω_i は，それぞれの周波数成分の光子数に比例する量であるので，この式は，ω_1 の光子と ω_2 の光子は常に対になって増減すること，また ω_3 の光子は，ω_1 と ω_2 の光子が増えれば同じ数だけ減り，ω_1 と ω_2 の光子が減れば同じ数だけ増えることを示している．これらの関係を**マンリー－ローの関係式**（Manley-Rowe relations）という．

いま，それぞれの角周波数の光の電場振幅を表すために，新たに

$$A_i(z) \equiv \sqrt{\frac{n_i}{\omega_i}} E_i(z) \qquad (i = 1, 2, 3) \tag{2.150}$$

を定義すると，(2.139) ～ (2.141) は

$$\frac{dA_1(z)}{dz} = i\kappa A_3(z)[A_2(z)]^* \exp(i\Delta k z) \tag{2.151}$$

$$\frac{dA_2(z)}{dz} = i\kappa A_3(z)[A_1(z)]^* \exp(i\Delta k z) \tag{2.152}$$

$$\frac{d[A_3(z)]^*}{dz} = -i\kappa [A_1(z)]^*[A_2(z)]^* \exp(i\Delta k z) \tag{2.153}$$

と表される．ただし，ここで結合係数 κ を

$$\kappa \equiv \frac{d}{c}\sqrt{\frac{\omega_1 \omega_2 \omega_3}{n_1 n_2 n_3}} \tag{2.154}$$

のように定義した．

2.8 光パラメトリック過程

和周波発生とは逆に，入射した光子のエネルギーが二つの光子に分かれる過程がある．これも3光波混合の一種であるが，**光パラメトリック過程**

(optical parametric process) と呼ばれる．以下に述べるいずれの過程も，その現象が効率よく起こるためには，和周波発生などと同様な位相整合条件を満たす必要がある．

角周波数 ω_{pump} と ω_{signal} の光から $\omega_{\text{idler}} = \omega_{\text{pump}} - \omega_{\text{signal}}$ の差周波光が発生するとき，エネルギーの流れを考えると，高周波数側の入射光の光子エネルギー $\hbar\omega_{\text{pump}}$ が低周波数側の入射光および差周波光それぞれの周波数に $\hbar\omega_{\text{signal}}$ と $\hbar\omega_{\text{idler}}$ の割合で移ることになる．そこでは差周波発生に伴って，図2.17に示すように，低周波数側の入射光の増幅が同時に起きている．この増幅作用に注目したとき，これを**光パラメトリック増幅**（**OPA**：optical parametric amplification）といい，関与している三つの光を，それぞれ，**ポンプ光**（pump），**シグナル光**（signal），**アイドラー光**（idler）という．また，この方法で光を増幅する装置を**光パラメトリック増幅器**（**OPA**：optical parametric amplifier）という．

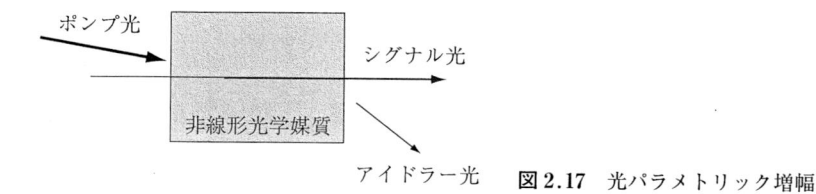

図 2.17 光パラメトリック増幅

単一の角周波数 ω を持つビームのみを非線形光学媒質に入射したとき，この光が非線形光学媒質内で $\omega = \omega_1 + \omega_2$ を満たす角周波数 ω_1 と ω_2 の光に分かれる現象を，**自発的パラメトリック下方変換**（spontaneous parametric down conversion）という．この過程は電磁場の零点ゆらぎに対する光パラメトリック増幅と見なすこともできる．この過程を用いることにより，いわゆる非古典的な光（nonclassical light）を発生できる．

光パラメトリック増幅媒質により増幅されたシグナル光（またはアイドラー光）が，また元の増幅媒質に戻るように鏡などを配置することによって，

2.8 光パラメトリック過程

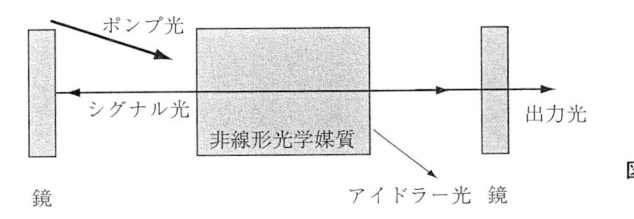

図 2.18 光パラメトリック発振

図 2.18 のように共振器を構成することができる．このような共振器では，通常のレーザーと同様に，利得が損失を上回れば発振が起きる．これを**光パラメトリック発振**（OPO：optical parametric oscillation）といい，その発振器を**光パラメトリック発振器**（OPO：optical parametric oscillator）という．光パラメトリック発振器では，単一波長のポンプ光を入射すると，自発的パラメトリック下方変換により発生した光や，熱放射などが種となって，シグナル光（またはアイドラー光）の増幅が開始する．その結果，シグナル光とアイドラー光が同時に発生する．多くの場合，非線形光学結晶の角度を調整することにより位相整合条件を変化させ，発振波長を変えることができる．

いま，十分に強いポンプ光の下での光パラメトリック増幅の様子を見よう．(2.151), (2.152) において，A_3 を定数として微分方程式を解けばよい．

簡単のために位相整合条件は完全に満たされている（$\Delta k = 0$）とする．(2.151) をもう一度微分して (2.152) を用いると，以下のような結果が得られることになる．

$$\frac{d^2}{dz^2}A_1(z) = \kappa^2 |A_3|^2 A_1(z) \tag{2.155}$$

この方程式の解は，二つの指数関数の和で

$$A_1(z) = C \exp(gz) + D \exp(-gz) \tag{2.156}$$

のように表される．ただし，ここで

$$g \equiv |\kappa A_3| \tag{2.157}$$

を用いた．入射光の電場振幅 $A_1(0)$，および $A_2(0)$ を初期条件として与えて

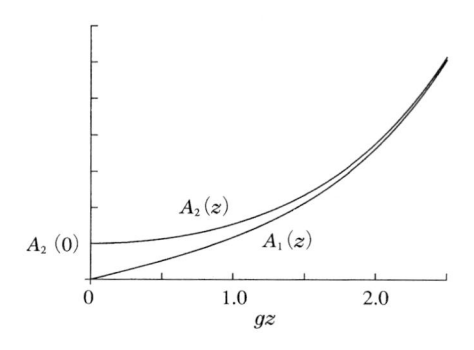

図 2.19 シグナル光 $A_2(z)$ のみ入射した場合の，光パラメトリック過程によりシグナル光とアイドラー光の電場振幅が増大する様子．

解を求めると，以下の

$$A_1(z) = A_1(0)\cosh gz + i\frac{A_3}{|A_3|}[A_2(0)]^*\sinh gz \quad (2.158)$$

$$A_2(z) = A_2(0)\cosh gz + i\frac{A_3}{|A_3|}[A_1(0)]^*\sinh gz \quad (2.159)$$

が得られる．図 2.19 に示すように，A_1 と A_2 のうちどちらかの入力がゼロでなければ，どちらの光も光パラメトリック増幅により成長していくことがわかる．

2.9 電気光学効果

電気光学効果（electro-optic effect）とは，一般に，媒質に電場を掛けると媒質の光学定数が変化する現象のことである．ここでは，媒質の屈折率が電場に比例して変化する**ポッケルス効果**について，主に述べる．ポッケルス効果は，1 次の電気光学効果とも呼ばれるが，印加される電場を低周波の光と考えれば，2 次の非線形光学効果と見なすこともできる．なお，以下の記述の理解には結晶光学の基礎知識が必要であるが，これについては付録 D にまとめておいたので，参照してほしい．

2.9 電気光学効果

ポッケルス効果の表式には，**逆誘電率テンソル** (impermeability tensor) が用いられる．媒質中の電束密度 D は，誘電率テンソル ε_{ij} によって，

$$D_i = \sum_j \varepsilon_{ij} E_j \qquad (2.160)$$

のように，電場 E と関係づけられている．ここで，電束密度と電場は，互いに比例する関係であるので，この式の左右を逆にして

$$E_i = \sum_j B_{ij} D_j \qquad (2.161)$$

のように表したとき，B_{ij} を逆誘電率テンソルという．B_{ij} と ε_{ij} を行列と考えたとき，B_{ij} は ε_{ij} の逆行列である．

誘電率テンソルや逆誘電率テンソルは，光学活性媒質を除けば，2 階の対称テンソルである．対称テンソルは，一般に主軸変換によって，対角成分以外をすべてゼロにすることができるので，ここでは，すでにそのような主軸を取ってあるとする．

すると，誘電率テンソルは，

$$\varepsilon = \begin{pmatrix} \varepsilon_{11} & 0 & 0 \\ 0 & \varepsilon_{22} & 0 \\ 0 & 0 & \varepsilon_{33} \end{pmatrix} \qquad (2.162)$$

あるいは，

$$\varepsilon_{ij} = \delta_{ij} \varepsilon_{ii} \qquad (2.163)$$

のように表され，逆誘電率テンソルは，

$$B = \begin{pmatrix} \dfrac{1}{\varepsilon_{11}} & 0 & 0 \\ 0 & \dfrac{1}{\varepsilon_{22}} & 0 \\ 0 & 0 & \dfrac{1}{\varepsilon_{33}} \end{pmatrix} = \dfrac{1}{\varepsilon_0} \begin{pmatrix} \dfrac{1}{n_1^2} & 0 & 0 \\ 0 & \dfrac{1}{n_2^2} & 0 \\ 0 & 0 & \dfrac{1}{n_3^2} \end{pmatrix} \qquad (2.164)$$

あるいは，

$$B_{ij} = \frac{\delta_{ij}}{\varepsilon_0 n_i^2} \tag{2.165}$$

となる．ここで，n_i は，それぞれの主軸方向の屈折率である．また，$\varepsilon_0 B_{ij}$ を**屈折率テンソル** (index tensor) ということがあるが，これは

$$\left[\left(\frac{1}{n^2}\right)_{ij}\right] = \begin{pmatrix} \dfrac{1}{n_1^2} & 0 & 0 \\ 0 & \dfrac{1}{n_2^2} & 0 \\ 0 & 0 & \dfrac{1}{n_3^2} \end{pmatrix} \tag{2.166}$$

または，

$$\left(\frac{1}{n^2}\right)_{ij} = \frac{\delta_{ij}}{n_i^2} \tag{2.167}$$

のように表される．

いま，2次の非線形光学効果を有する媒質に静電場を掛け，さらに角周波数 ω の光を入射したとすると，そのときの電場は，

$$E(t) = E^{(0)} + \left[\frac{1}{2}E^{(\omega)}\exp(-i\omega t) + \text{c.c.}\right] \tag{2.168}$$

と表される．このとき，2次の非線形光学効果により生じる角周波数 ω の分極を，

$$P(t) = \frac{1}{2}P^{(\omega)}\exp(-i\omega t) + \text{c.c.} \tag{2.169}$$

とおくと，その各ベクトル成分は，

$$P_i^{(\omega)} = 2\varepsilon_0 \sum_{jk} \chi_{ijk}^{(2)}(\omega;\omega,0) E_j^{(\omega)} E_k^{(0)} \tag{2.170}$$

となる．このことは，誘電率が ε_{ij} から，$\varepsilon_{ij} + \Delta\varepsilon_{ij}$ に変化したと見なすことができる．ここで，

2.9 電気光学効果

$$\Delta\varepsilon_{ij} = 2\varepsilon_0 \sum_k \chi^{(2)}_{ijk}(\omega;\omega,0) E_k^{(0)} \tag{2.171}$$

となる．これに対応して逆誘電率テンソルも変化するので，新しいテンソル成分を

$$B_{ij} = \frac{1}{\varepsilon_0}\left[\frac{\delta_{ij}}{n_i^2} + \Delta\left(\frac{1}{n^2}\right)_{ij}\right] \tag{2.172}$$

のように表す．変化分が十分小さければ，電場に比例すると考えてよいので，その条件で逆誘電率テンソル B を求めることにより

$$\Delta\left(\frac{1}{n^2}\right)_{ij} = -\sum_k \frac{2}{n_i^2 n_j^2}\chi^{(2)}_{ijk}(\omega;\omega,0) E_k^{(0)} \tag{2.173}$$

の関係が求められる．**電気光学定数** r_{ijk} が

$$\Delta\left(\frac{1}{n^2}\right)_{ij} = \sum_k r_{ijk} E_k^{(0)} \tag{2.174}$$

によって定義されるので，r_{ijk} は，

$$\boxed{r_{ijk} = -\frac{2}{n_i^2 n_j^2}\chi^{(2)}_{ijk}(\omega;\omega,0)} \tag{2.175}$$

のように，2次の非線形感受率と関係づけられる．

誘電率テンソルは対称テンソルであるので，$\chi^{(2)}$ に対して

$$\chi^{(2)}_{ijk}(\omega;\omega,0) = \chi^{(2)}_{jik}(\omega;\omega,0) \tag{2.176}$$

が成り立ち，電気光学定数についても $r_{ijk} = r_{jik}$ が成り立つ．そこで，$ij \to l$

$$\begin{array}{c} ij: \ 11 \ \ 22 \ \ 33 \ \ 23,32 \ \ 31,13 \ \ 12,21 \\ l: \ \ 1 \ \ \ 2 \ \ \ 3 \ \ \ \ 4 \ \ \ \ \ 5 \ \ \ \ \ 6 \end{array} \tag{2.177}$$

のおきかえによる縮約表現 r_{lk} が用いられる．その結果，ポッケルス効果による逆誘電率テンソルの変化は，

2. 2次の非線形光学効果

$$\begin{pmatrix} \Delta\left(\frac{1}{n^2}\right)_1 \\ \Delta\left(\frac{1}{n^2}\right)_2 \\ \Delta\left(\frac{1}{n^2}\right)_3 \\ \Delta\left(\frac{1}{n^2}\right)_4 \\ \Delta\left(\frac{1}{n^2}\right)_5 \\ \Delta\left(\frac{1}{n^2}\right)_6 \end{pmatrix} = \begin{pmatrix} r_{11} & r_{12} & r_{13} \\ r_{21} & r_{22} & r_{23} \\ r_{31} & r_{32} & r_{33} \\ r_{41} & r_{42} & r_{43} \\ r_{51} & r_{52} & r_{53} \\ r_{61} & r_{62} & r_{63} \end{pmatrix} \begin{pmatrix} E_1^{(0)} \\ E_2^{(0)} \\ E_3^{(0)} \end{pmatrix} \tag{2.178}$$

のように表される.

結晶の対称性によって,電気光学定数の各成分の間に決まった関係が成り立つ. それを,図 2.20 〜 2.22 に示す.

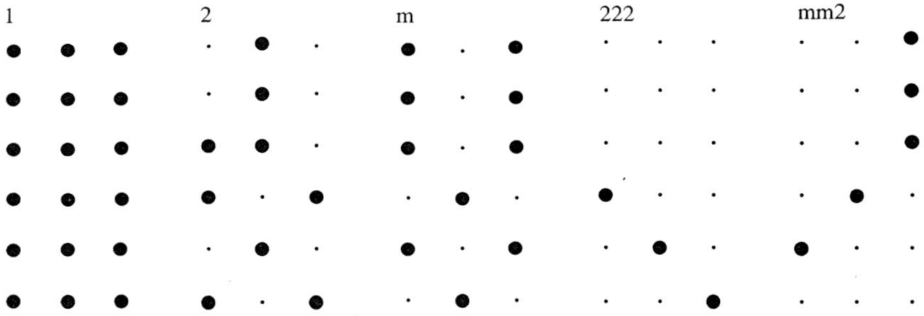

2軸性結晶

図 2.20 2軸性結晶の各結晶群に属する結晶の電気光学定数の成分. 小さな丸はその成分がゼロであることを,大きな丸はゼロでないことを示す. 図 2.20, 図 2.21 も同様.

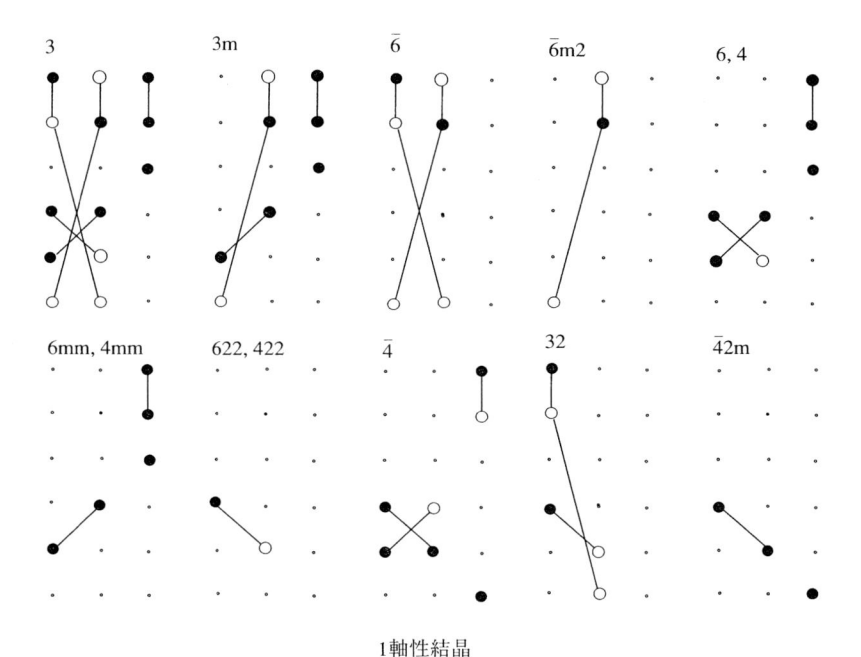

2.9 電気光学効果

1軸性結晶

図 2.21 1軸性結晶の各結晶群に属する結晶の電気光学定数の成分. 実線で結ばれた成分は互いに等しい. 白丸は, 実線でつながれている黒丸の成分と符号が反転していることを示す.

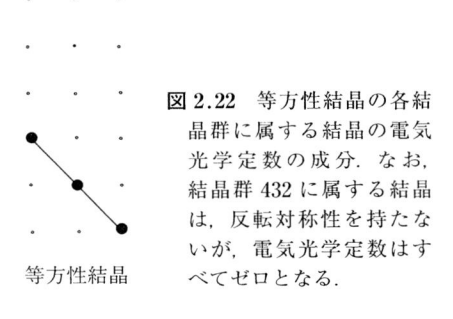

等方性結晶

図 2.22 等方性結晶の各結晶群に属する結晶の電気光学定数の成分. なお, 結晶群 432 に属する結晶は, 反転対称性を持たないが, 電気光学定数はすべてゼロとなる.

また電気光学効果により，屈折率テンソルは，

$$\left[\left(\frac{1}{n^2}\right)_{ij}\right] = \begin{pmatrix} \frac{1}{n_1^2} + \Delta\left(\frac{1}{n^2}\right)_1 & \Delta\left(\frac{1}{n^2}\right)_6 & \Delta\left(\frac{1}{n^2}\right)_5 \\ \Delta\left(\frac{1}{n^2}\right)_6 & \frac{1}{n_2^2} + \Delta\left(\frac{1}{n^2}\right)_2 & \Delta\left(\frac{1}{n^2}\right)_4 \\ \Delta\left(\frac{1}{n^2}\right)_5 & \Delta\left(\frac{1}{n^2}\right)_4 & \frac{1}{n_3^2} + \Delta\left(\frac{1}{n^2}\right)_3 \end{pmatrix} \quad (2.179)$$

のように変化する．あるいは，屈折率楕円体（付録の D.4 節を参照のこと）の式の形で表すと，

$$\left[\frac{1}{n_1^2} + \Delta\left(\frac{1}{n^2}\right)_1\right]x^2 + \left[\frac{1}{n_2^2} + \Delta\left(\frac{1}{n^2}\right)_2\right]y^2 + \left[\frac{1}{n_3^2} + \Delta\left(\frac{1}{n^2}\right)_3\right]z^2$$
$$+ 2\Delta\left(\frac{1}{n^2}\right)_4 yz + 2\Delta\left(\frac{1}{n^2}\right)_5 zx + 2\Delta\left(\frac{1}{n^2}\right)_6 xy = 1$$
$$(2.180)$$

となる．これを新たに対角化すれば，新たな三つの主軸とそれぞれの方向の屈折率が得られる．

2.9.1　KDP の場合

電気光学効果の例として，KH_2PO_4（KDP）結晶に対して z 軸に電場 E_z が印加されている場合の屈折率変化を見てみよう．KDP は結晶族 $\overline{4}2m$ に属する 1 軸性結晶であり，図 2.21 からわかるように $r_{41} = r_{52}$ と r_{63} 以外の電気光学定数の成分はゼロであるので，電場を印加したときの屈折率テンソルは，

$$\left[\left(\frac{1}{n^2}\right)_{ij}\right] = \begin{pmatrix} \frac{1}{n_o^2} & r_{63}E_z & 0 \\ r_{63}E_z & \frac{1}{n_o^2} & 0 \\ 0 & 0 & \frac{1}{n_e^2} \end{pmatrix} \quad (2.181)$$

となる．また，これを屈折率楕円体の形で表すと，

$$\frac{x^2}{n_\text{o}^2} + \frac{y^2}{n_\text{o}^2} + \frac{z^2}{n_\text{e}^2} + 2r_{63}E_z xy = 1 \tag{2.182}$$

となる．式の対称性から，新しい座標軸として，$x = (x' + y')/\sqrt{2}$, $y = (-x' + y')/\sqrt{2}$, $z = z'$ となるような (x', y', z') を用いれば対角化できることがわかる．新しい x' 軸と y' 軸は，図 2.23 のように x 軸からそれぞれ $-\pi/4$ と $\pi/4$ 回転した方向である．これを用いると，屈折率楕円体が

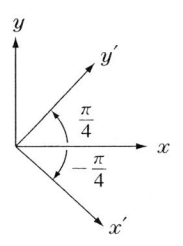

図 2.23 KDP 結晶の z 軸に電場を印加したときの光学軸

$$\left(\frac{1}{n_\text{o}^2} - r_{63}E_z\right)x'^2 + \left(\frac{1}{n_\text{o}^2} + r_{63}E_z\right)y'^2 + \frac{z'^2}{n_\text{e}^2} = 1 \tag{2.183}$$

と対角化される．

x' 軸と y' 軸方向の屈折率を $n_{x'}$, $n_{y'}$ とすると，

$$n_{x'} = \left(\frac{1}{n_\text{o}^2} - r_{63}E_z\right)^{-1/2} = n_\text{o} + \frac{1}{2}n_\text{o}^3 r_{63}E_z \tag{2.184}$$

$$n_{y'} = \left(\frac{1}{n_\text{o}^2} + r_{63}E_z\right)^{-1/2} = n_\text{o} - \frac{1}{2}n_\text{o}^3 r_{63}E_z \tag{2.185}$$

のようにそれぞれ n_o から変化する．z' 方向の屈折率は変化しない．なおここで，$-1/2$ 乗のテイラー展開における電場の 1 次までの式に等号を用いたが，ポッケルス効果自体が電場の 1 次に比例する現象を扱っており，電場の 1 次の比例係数だけを議論するという意味で，等号を用いて構わない．

2.9.2 光の変調

電気光学結晶を用いると，電圧を印加することで屈折率を変化させられるので，それにより，光の位相を変調することができる．また，生じる屈折率変化は異方性があるので，それにより光の偏光状態を操作できる．さらに，

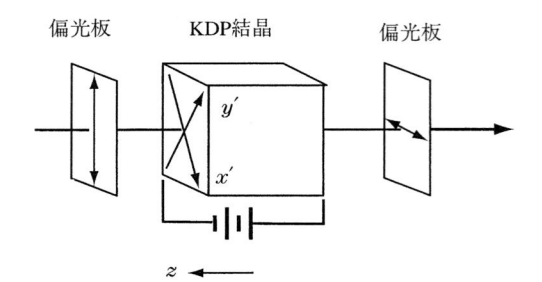

図 2.24 z 軸方向に電圧を印加した KDP 結晶を用いた電気光学変調器

波長板や偏光板を組み合わせて用いることにより，光の強度を変調することが可能である．これらを合わせて，**電気光学変調器** (electro-optic modulator) という．いずれの場合も，ナノ秒程度の高速な動作が可能である．

光強度の変調器の例として，図 2.24 の配置で KDP 結晶の z 軸方向に電圧を印加し，それと同軸方向に光を入射する場合を考えよう．印加電場を E_z とすると，(2.184) と (2.185) より x' 方向と y' 方向とで屈折率に

$$\Delta n = n_o^3 r_{63} E_z \tag{2.186}$$

の差が生じる．結晶の長さを L とすると，x' 方向と y' 方向とで位相差 $\Delta\phi = 2\pi\Delta n L/\lambda$ が生じる．ここで λ は入射光の真空中の波長である．つまり，KDP 結晶は，位相差が可変の波長板としてはたらく．図のように偏光板を配置した場合，出口側の偏光板を透過する光の透過係数は，ジョーンズベクトルを用いて

$$t = (1\ \ 0)R\left(\frac{\pi}{4}\right)\begin{pmatrix} \exp\left(\frac{i\Delta\phi}{2}\right) & 0 \\ 0 & \exp\left(-\frac{i\Delta\phi}{2}\right) \end{pmatrix} R\left(-\frac{\pi}{4}\right)\begin{pmatrix} 0 \\ 1 \end{pmatrix} = -i\sin\frac{\Delta\phi}{2} \tag{2.187}$$

と計算できるので，光強度の透過率は

$$T = |t|^2 = \sin^2\frac{\Delta\phi}{2} \tag{2.188}$$

となる．この変調器では，位相差が $\pi/2$ の付近で印加電場に対する光強度の変調の大きさが最大になるので，実際には4分の波長板（付録のC.2節を参照）を同時に用いて固定バイアス $\pi/2$ を付加することで，

$$T = \sin^2\left[\left(\Delta\phi + \frac{\pi}{2}\right)\frac{1}{2}\right] = \frac{1}{2}(1 + \sin\Delta\phi) \qquad (2.189)$$

として用いることが多い．

2.10　テラヘルツ波の発生と検出

およそ0.1THzから10THzの範囲の電磁波は**テラヘルツ波**（terahertz wave）または**テラヘルツ放射**（terahertz radiation）と呼ばれている．2次の非線形光学効果を用いることによって，テラヘルツ波の発生と検出を行うことができる．

テラヘルツ波は，光と電波との境界領域の周波数の電磁波であるので，低周波の光と見なすことができるが，特に超短光パルスを用いた発生・検出においては，テラヘルツ波の電場を直流電場と見なした方が理解しやすい場合もある．テラヘルツ波の周波数帯は，結晶の格子振動（フォノン；phonon）の共鳴が存在する周波数帯でもあるので，テラヘルツ波の発生・検出に用いられる2次の非線形光学媒質の性質を議論するためには，あらわに格子振動の影響を考慮する必要が出てくる．

非線形光学過程によるテラヘルツ波の発生過程は，差周波発生の一種と見なすことができるが，テラヘルツ波を直流電場と見なした場合は，光整流と考えることができる．同様に，非線形光学過程によるテラヘルツ波の検出過程は，光とテラヘルツ波との和周波発生および差周波発生と見なすこともできるが，テラヘルツ波を直流電場と見なして，1次の電気光学効果（ポッケルス効果）と考えることもできる．

2.10.1 ポラリトン

初めに，格子振動の共鳴周波数付近における，結晶の線形な光学的性質について簡単に考察しよう．

結晶の格子振動は，量子力学では音響量子またはフォノン（phonon）と呼ばれている．フォノンの周波数は一般にその波数ベクトルに依存するが，その関係（分散関係）からフォノンは図 2.25 のように，波数が小さい範囲で周波数が波数に比例する音響フォノン（acoustic phonon）と，周波数がほぼ一定な光学フォノン（optical phonon）とに分けられる．一般に光の波数は格子定数の逆数に比べて非常に小さいので，光との相互作用を考えるときには，図 2.25 に示されるような分散関係のうちのごく波数の小さな部分しか関係しない．したがって，光学フォノンの周波数はほぼ波数に依らず一定と見なしてよい．光学フォノンの周波数は数 THz 程度となる場合が多い．

極性のあるフォノン（polar phonon）は，光と相互作用し，そのためにフォノンの共鳴周波数付近の結晶の誘電率は，ローレンツ模型の場合（(2.46), (2.31) 参照）と同じように，

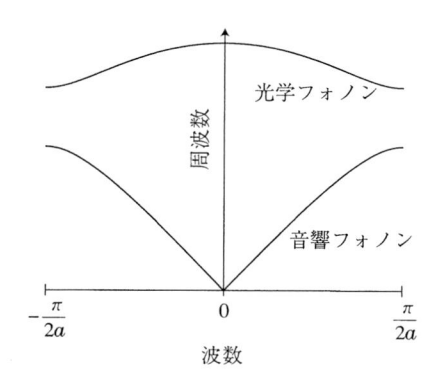

図 2.25 格子振動（フォノン）の分散関係．ここに示したのは，2 種類の原子から成る 1 次元模型のもので，a は格子定数である．

$$\varepsilon(\omega) = \varepsilon_\infty + \frac{(\varepsilon_{\mathrm{dc}} - \varepsilon_\infty)\omega_T^2}{\omega_T^2 - \omega^2 - i\omega\Gamma} \tag{2.190}$$

と表すことができる．ここで，ω_T が光学フォノンの共鳴角周波数，Γ は減衰定数である．また，周波数ゼロの誘電率を $\varepsilon_{\mathrm{dc}}$，高周波極限の誘電率を ε_∞ とした．共振周波数から十分離れた周波数では減衰の影響を無視できるので，いま，減衰項 $i\omega\Gamma$ を無視して，

$$\varepsilon(\omega) = \varepsilon_\infty + \frac{(\varepsilon_{\mathrm{dc}} - \varepsilon_\infty)\omega_T^2}{\omega_T^2 - \omega^2} \tag{2.191}$$

としよう．一般に波数 k と角周波数 ω との関係，すなわち分散関係は，

$$\frac{c^2 k^2}{\omega^2} = \frac{\varepsilon}{\varepsilon_0} \tag{2.192}$$

と表されるので，(2.191) より，

$$k = \frac{\omega}{c}\sqrt{\frac{1}{\varepsilon_0}\left\{\varepsilon_\infty + \frac{(\varepsilon_{\mathrm{dc}} - \varepsilon_\infty)\omega_T^2}{\omega_T^2 - \omega^2}\right\}} \tag{2.193}$$

が得られる．あるいは，これを ω について解くと，

$$\omega^2 = \frac{1}{2}\left[\frac{\varepsilon_0}{\varepsilon_\infty}c^2 k^2 + \frac{\varepsilon_{\mathrm{dc}}}{\varepsilon_\infty}\omega_T^2\right] \pm \frac{1}{2}\left[\left(\frac{\varepsilon_0}{\varepsilon_\infty}c^2 k^2 + \frac{\varepsilon_{\mathrm{dc}}}{\varepsilon_\infty}\omega_T^2\right)^2 - 4\frac{\varepsilon_0}{\varepsilon_\infty}c^2 k^2 \omega_T^2\right]^{1/2} \tag{2.194}$$

となるので，分散関係は，上下2つの分枝 $\omega_+(k)$ と $\omega_-(k)$ とから成る．この分散関係を図示すると，図 2.26 のようになる．

一般に媒質中に電磁波と相互作用する励起モードがあり，その励起モードの減衰が十分小さいとき，その励起モードと電磁波とを別々に考えるより，両者が結合した連成波と見なす方がよりよい描像となる．それを**ポラリトン**(polariton) という．別の見方をすると，光が媒質に入射すると，光は吸収されて媒質の励起モードが生成されるが，それが減衰する前に再びそのエネルギーが光として放出され，それがさらにコヒーレントな過程として繰り返されるので，それが媒質の励起モードと光のどちらであるか区別が付かなくな

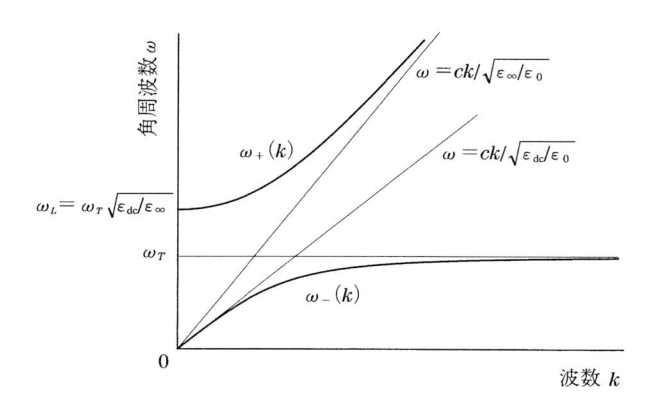

図 2.26　フォノンポラリトンの分散関係

るのである．フォノンと電磁波とがつくる連成波を**フォノンポラリトン**（phonon polariton）というが，単にポラリトンというとフォノンポラリトンを指す場合が多い．

　図の分散関係は，ポラリトンの分散を表している．その特徴は以下のとおりである．まず，この分散曲線は二つの分枝から成り，その間の ω_T から $\omega_L \equiv \omega_T \sqrt{\varepsilon_{dc}/\varepsilon_\infty}$ までの角周波数の領域には，モードが存在しない．この領域の角周波数の光を媒質に入射しても，媒質内にモードが存在しないので，その光は媒質に進入できず，すべて反射される．この周波数帯では，(2.191) より媒質の誘電率が負になることがわかる．すると，屈折率は純虚数になるので，波数が純虚数となり，入射光の振幅は媒質内で指数関数的に減衰し，エバネッセント波（evanescent wave）となる．低周波数側の分枝（下枝；lower branch）は，波数が小さいうちは，誘電率 ε_{dc} の媒質の光の分散にほぼ等しく，波数が大きくなると，角周波数が ω_T に漸近する．一方，上の分枝（上枝；upper branch）は，波数ゼロのとき角周波数が ω_L に等しく，波数が大きくなると，誘電率 ε_∞ の媒質の光の分散に近づく．上枝，下枝とも，光の分散に近い部分は光子的（photon-like）な特徴を持ち，そうでない部分は，フォノン的（phonon-like）な特徴を持つ．

2.10.2 非調和振動子模型とミラー則

　媒質の線形な光学特性がポラリトンの影響を大きく受けているテラヘルツ周波数領域や，それ以下の周波数領域では，非線形光学特性においても，フォノンの影響を考慮に入れる必要がある．したがって，光の差周波によるテラヘルツ波の発生や，光とテラヘルツ波との和周波・差周波発生を記述するためには，媒質の電磁波に対する応答としては，電子によるものと格子振動によるものの両者を考えておかなければならない．

　いま，2.3 節を参考にしつつ電子系と格子系の線形な運動方程式（章末の参考文献 [5]）を

$$\frac{d^2}{dt^2}q_e(t) + 2\Gamma_e \frac{d}{dt}q_e(t) + \omega_e^2 q_e(t) = \frac{e_e}{m_e}E(t) \qquad (2.195)$$

$$\frac{d^2}{dt^2}q_i(t) + 2\Gamma_i \frac{d}{dt}q_i(t) + \omega_i^2 q_i(t) = \frac{e_i}{m_i}E(t) \qquad (2.196)$$

とする．ここで，$q_e(t), \omega_e, \Gamma_e, e_e, m_e$ は電子系の位置，共鳴角周波数，減衰定数，電荷，質量であり，添字が i のものが格子系のものである．密度を N とすれば，電子系による分極 $P_e(t)$ と格子系による分極 $P_i(t)$ は，それぞれ

$$P_e(t) = N e_e q_e(t) \qquad (2.197)$$

$$P_i(t) = N e_i q_i(t) \qquad (2.198)$$

と表されるから，線形感受率 $\chi(\omega)$ は，電子系の線形感受率 $\chi^e(\omega)$ と格子系の線形感受率 $\chi^i(\omega)$ の和として，

$$\chi(\omega) = \chi^e(\omega) + \chi^i(\omega) \qquad (2.199)$$

$$\chi^e(\omega) = \frac{N e_e^2}{\varepsilon_0 m_e \mathcal{D}_e(\omega)} \qquad (2.200)$$

$$\chi^i(\omega) = \frac{N e_i^2}{\varepsilon_0 m_i \mathcal{D}_i(\omega)} \qquad (2.201)$$

$$\mathcal{D}_e(\omega) \equiv \omega_e^2 - \omega^2 - 2i\omega\Gamma_e \qquad (2.202)$$

$$\mathcal{D}_i(\omega) \equiv \omega_i^2 - \omega^2 - 2i\omega\Gamma_i \qquad (2.203)$$

のように表される．

この模型の調和ポテンシャルに，非線形性をもたらす3次の項を導入する．そのとき，ポテンシャルの一般的な形は，

$$V = \frac{1}{2}m_e\omega_e^2 q_e^2 + \frac{1}{2}m_i\omega_i^2 q_i^2 + Aq_i^3 + Bq_i^2 q_e + Cq_i q_e^2 + Dq_e^3 - E(t)(e_e q_e + e_i q_i) \qquad (2.204)$$

となり，非線形性は，4つの量 A, B, C, D によって表される．このとき運動方程式は，

$$\frac{d^2}{dt^2}q_e + 2\Gamma_e \frac{d}{dt}q_e + \omega_e^2 q_e = \frac{e_e}{m_e}E(t) - \frac{3D}{m_e}q_e^2 - \frac{2C}{m_e}q_e q_i - \frac{B}{m_e}q_i^2 \qquad (2.205)$$

$$\frac{d^2}{dt^2}q_i + 2\Gamma_i \frac{d}{dt}q_i + \omega_i^2 q_i = \frac{e_i}{m_i}E(t) - \frac{C}{m_i}q_e^2 - \frac{2B}{m_i}q_e q_i - \frac{3A}{m_i}q_i^2 \qquad (2.206)$$

となる．この右辺に q_e と q_i の1次の解を代入することで，2次の解が求められる．

まずは，角周波数 ω_1 と ω_2 の電磁波による和周波発生を表す2次の非線形感受率を求めてみよう．入射光の電場を

$$E(t) = \frac{1}{2}E^{(\omega_1)}\exp(-i\omega_1 t) + \frac{1}{2}E^{(\omega_2)}\exp(-i\omega_2 t) + \text{c.c.} \qquad (2.207)$$

とすると，線形な解は，

$$q_e^{(1)}(t) = \frac{1}{2}q_e^{(\omega_1)}\exp(-i\omega_1 t) + \frac{1}{2}q_e^{(\omega_2)}\exp(-i\omega_2 t) + \text{c.c.} \qquad (2.208)$$

2.10 テラヘルツ波の発生と検出

$$q_{\text{e}}^{(\omega_1)} = \frac{e_{\text{e}}}{m_{\text{e}}\mathscr{D}_{\text{e}}(\omega_1)} E^{(\omega_1)} \tag{2.209}$$

$$q_{\text{e}}^{(\omega_2)} = \frac{e_{\text{e}}}{m_{\text{e}}\mathscr{D}_{\text{e}}(\omega_2)} E^{(\omega_2)} \tag{2.210}$$

$$q_{\text{i}}^{(1)}(t) = \frac{1}{2} q_{\text{i}}^{(\omega_1)} \exp(-i\omega_1 t) + \frac{1}{2} q_{\text{i}}^{(\omega_2)} \exp(-i\omega_2 t) + \text{c.c.} \tag{2.211}$$

$$q_{\text{i}}^{(\omega_1)} = \frac{e_{\text{i}}}{m_{\text{i}}\mathscr{D}_{\text{i}}(\omega_1)} E^{(\omega_1)} \tag{2.212}$$

$$q_{\text{i}}^{(\omega_2)} = \frac{e_{\text{i}}}{m_{\text{i}}\mathscr{D}_{\text{i}}(\omega_2)} E^{(\omega_2)} \tag{2.213}$$

となる.これらを用いて,2次の解のうちの和周波の成分

$$q_{\text{e}}^{(2)}(t) = \frac{1}{2} q_{\text{e}}^{(\omega_1+\omega_2)} \exp[-i(\omega_1+\omega_2)t] + \text{c.c.} \tag{2.214}$$

$$q_{\text{i}}^{(2)}(t) = \frac{1}{2} q_{\text{i}}^{(\omega_1+\omega_2)} \exp[-i(\omega_1+\omega_2)t] + \text{c.c.} \tag{2.215}$$

を求め,2次の非線形分極

$$\begin{aligned}P^{(2)}(t) &= \frac{1}{2} P^{(\omega_1+\omega_2)} \exp[-i(\omega_1+\omega_2)t] + \text{c.c.} \\ &= N\left[e_{\text{e}} q_{\text{e}}^{(2)}(t) + e_{\text{i}} q_{\text{i}}^{(2)}(t)\right]\end{aligned} \tag{2.216}$$

と電場との関係

$$P^{(\omega_1+\omega_2)} = \varepsilon_0 \chi^{(2)}(\omega_1+\omega_2;\omega_1,\omega_2) E^{(\omega_1)} E^{(\omega_2)} \tag{2.217}$$

より,非線形感受率を求めると,

$$\begin{aligned}&\chi^{(2)}(\omega_1+\omega_2;\omega_1,\omega_2) \\ &= \delta^{\text{eee}} \chi^{\text{e}}(\omega_1+\omega_2) \chi^{\text{e}}(\omega_2) \chi^{\text{e}}(\omega_1) + \delta^{\text{eei}} \chi^{\text{e}}(\omega_1+\omega_2) \chi^{\text{e}}(\omega_2) \chi^{\text{i}}(\omega_1) \\ &+ \delta^{\text{eie}} \chi^{\text{e}}(\omega_1+\omega_2) \chi^{\text{i}}(\omega_2) \chi^{\text{e}}(\omega_1) + \delta^{\text{eii}} \chi^{\text{e}}(\omega_1+\omega_2) \chi^{\text{i}}(\omega_2) \chi^{\text{i}}(\omega_1) \\ &+ \delta^{\text{iee}} \chi^{\text{i}}(\omega_1+\omega_2) \chi^{\text{e}}(\omega_2) \chi^{\text{e}}(\omega_1) + \delta^{\text{iei}} \chi^{\text{i}}(\omega_1+\omega_2) \chi^{\text{e}}(\omega_2) \chi^{\text{i}}(\omega_1) \\ &+ \delta^{\text{iie}} \chi^{\text{i}}(\omega_1+\omega_2) \chi^{\text{i}}(\omega_2) \chi^{\text{e}}(\omega_1) + \delta^{\text{iii}} \chi^{\text{i}}(\omega_1+\omega_2) \chi^{\text{i}}(\omega_2) \chi^{\text{i}}(\omega_1)\end{aligned} \tag{2.218}$$

$$\delta^{\mathrm{eee}} = -\frac{3\varepsilon_0^2 D}{N^2 e_\mathrm{e}^3} \tag{2.219}$$

$$\delta^{\mathrm{eei}} = \delta^{\mathrm{eie}} = \delta^{\mathrm{iee}} = -\frac{\varepsilon_0^2 C}{N^2 e_\mathrm{e}^2 e_\mathrm{i}} \tag{2.220}$$

$$\delta^{\mathrm{eii}} = \delta^{\mathrm{iei}} = \delta^{\mathrm{iie}} = -\frac{\varepsilon_0^2 B}{N^2 e_\mathrm{e} e_\mathrm{i}^2} \tag{2.221}$$

$$\delta^{\mathrm{iii}} = -\frac{3\varepsilon_0^2 A}{N^2 e_\mathrm{i}^3} \tag{2.222}$$

が得られる．差周波発生を表す非線形感受率の表式も，上の表式の中の ω_1 をすべて $-\omega_1$ と書き直すだけで得られる．この式に現れる係数 δ は，どれも同じオーダーになることが，実測によって確かめられている．ここで得られた表式はかなり複雑であるが，実際には以下のような考察により，もう少し簡単にすることができる．

上記の模型で非線形性を表すパラメータ A, B, C, D の間に一般的に成り立つ関係が存在するかどうかは難しい問題である．仮に，(2.204) のポテンシャルのうちの非線形な項が，電気双極子モーメントの3乗

$$(e_\mathrm{e} q_\mathrm{e} + e_\mathrm{i} q_\mathrm{i})^3 \tag{2.223}$$

に比例すると近似できるとすると，A, B, C, D の間に

$$\frac{D}{e_\mathrm{e}^3} = \frac{C}{3 e_\mathrm{e}^2 e_\mathrm{i}} = \frac{B}{3 e_\mathrm{e} e_\mathrm{i}^2} = \frac{A}{e_\mathrm{i}^3} \tag{2.224}$$

の関係が成り立つ．この場合，(2.218) の中の δ はすべて等しくなり，非線形感受率は

$$\chi^{(2)}(\omega_1 + \omega_2; \omega_1, \omega_2) = \delta \chi(\omega_1 + \omega_2) \chi(\omega_2) \chi(\omega_1) \tag{2.225}$$

と，電子系と格子系を合わせた線形感受率 $\chi(\omega)$ の積で表される．

また，和周波発生・差周波発生などにおいて関与する光の周波数が格子振動の周波数に比べて十分高い場合は，その光の周波数における格子振動による応答 $\chi^\mathrm{i}(\omega)$ は無視できる．したがって，$\omega_1, \omega_2, \omega_1 + \omega_2$ のすべてが格子振動領域かそれ以下である場合を除き，現象の記述に必要な項は限られる．例

えば，角周波数 ω_1 と ω_2 の光による角周波数 $\omega_2 - \omega_1$ のテラヘルツ波の発生過程を記述する非線形感受率は，

$$\chi^{(2)}(\omega_2 - \omega_1; -\omega_1, \omega_2) = \chi^e(-\omega_1)\chi^e(\omega_2)[\delta^{eee}\chi^e(\omega_2-\omega_1) + \delta^{iee}\chi^i(\omega_2-\omega_1)] \tag{2.226}$$

と表されるし，角周波数 ω の光と角周波数 Ω のテラヘルツ波との和周波発生，差周波発生に対応する非線形感受率は，それぞれ

$$\chi^{(2)}(\omega + \Omega; \Omega, \omega) = \chi^e(\omega+\Omega)\chi^e(\omega)[\delta^{eee}\chi^e(\Omega) + \delta^{eei}\chi^i(\Omega)] \tag{2.227}$$

$$\chi^{(2)}(\omega - \Omega; -\Omega, \omega) = \chi^e(\omega-\Omega)\chi^e(\omega)[\delta^{eee}\chi^e(-\Omega) + \delta^{eei}\chi^i(-\Omega)] \tag{2.228}$$

となる．

ここまでの記述において，1次元的な模型に基づいて考察したが，電場や分極がベクトルであることを考慮すると，非線形感受率の各テンソル成分は

$$\chi^{(2)}_{ijk}(\omega_1 + \omega_2; \omega_1, \omega_2) = \delta_{ijk}\chi_{ii}(\omega_1+\omega_2)\chi_{jj}(\omega_2)\chi_{kk}(\omega_1) \tag{2.229}$$

のように線形な感受率の各テンソル成分と関係づけられる．

2.10.3 光整流によるテラヘルツ波発生

超短光パルスによる光整流により，広帯域なスペクトルを持つ電磁波パルスを発生することができる．フェムト秒領域の光パルスを用いれば，発生する電磁波の周波数はテラヘルツの領域におよび，そのようなテラヘルツ波を特にテラヘルツパルスということがある．

超短光パルスの電場は，

$$E(t) = \frac{1}{2}e(t)\exp(-i\omega t) + \text{c.c.} \tag{2.230}$$

のように表すことができる．ここで，$e(t)$ は，光パルスの包絡線関数である．このとき光整流に対応する非線形分極は，図2.27に示されるように，

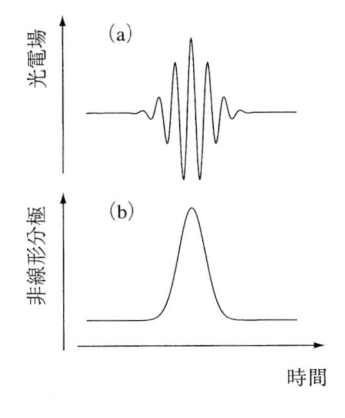

図 2.27 超短光パルスの光整流によるテラヘルツパルスの発生. 光パルスの電場 (a) とそれにより生成される非線形分極 (b).

$$P_{\rm OR}(t) = \frac{1}{2}\varepsilon_0\chi^{(2)}|e(t)|^2 \quad (2.231)$$

となり，この分極により，テラヘルツパルスが発生する．

2.10.4 位相整合

　テラヘルツ波発生は差周波発生の一種であり，3光波混合の位相整合条件が適用される．いま，入射光の角周波数を ω と $\omega+\Omega$ とし，発生するテラヘルツ波の角周波数を Ω とする．超短光パルスによる光整流の場合には，入射光がある角周波数(中心角周波数)を中心として広いスペクトルを持つので，そのスペクトルの中の角周波数差が Ω であるような周波数 ω と $\omega+\Omega$ の対から角周波数 Ω のテラヘルツ波が発生することになる．図 2.28 に示す

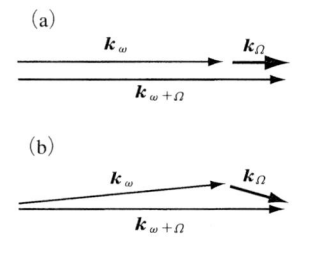

図 2.28 テラヘルツ波発生における位相整合．(a) 共軸な位相整合，(b) 非共軸な位相整合．

ように,関係する3光波すべてが同一の方向に伝搬する共軸の場合と,そうではない非共軸の場合が考えられる.共軸の位相整合条件は,非線形光学媒質中のそれぞれの角周波数での波数ベクトルの間に以下の関係

$$k_{\omega+\Omega} - k_\omega = k_\Omega \tag{2.232}$$

が成り立つことである.媒質の屈折率を角周波数の関数として $n(\omega)$ のように書くことにすると,上の式はこれを用いて

$$n(\omega+\Omega)\cdot(\omega+\Omega) - n(\omega)\cdot\omega = n(\Omega)\cdot\Omega \tag{2.233}$$

のように書き直すことができる.

いま,$\Omega \ll \omega$ として角周波数 $\omega_0 \equiv \omega + \Omega/2$ を中心に

$$n\left(\omega_0 \pm \frac{\Omega}{2}\right) = n(\omega_0) \pm \frac{\Omega}{2}\frac{dn}{d\omega} \tag{2.234}$$

のように屈折率を角周波数の1次まで展開すると,位相整合条件の式が,

$$n(\Omega) = n(\omega_0) + \omega_0 \frac{dn}{d\omega} \tag{2.235}$$

となることが導ける.この式の右辺は,中心角周波数 ω_0 の光パルスの進む速度 v_g を表す群屈折率

$$n_g(\omega_0) = n(\omega_0) + \omega_0 \frac{dn}{d\omega} \tag{2.236}$$

となる.なお,速度 v_g と群屈折率 n_g との関係は

$$v_g = \frac{c}{n_g} \tag{2.237}$$

であるので,位相整合条件は,

$$n(\Omega) = n_g(\omega_0) \tag{2.238}$$

とも表される.このことは,光パルスによって発生するテラヘルツ波の電場の進む速度が,光パルスの進む速度と等しいときに位相整合条件が満たされるということを意味している.

正常分散媒質ではこの条件は満足できないので,複屈折性を有する非線形

光学媒質を用いるか，フォノン共鳴による異常分散を利用しなければならない．フォノン共鳴を用いる場合は，フォノンの周波数より低周波数側のある特定の周波数において，位相整合条件が満足される．

図 2.28 (b) のように非共軸の配置を用いる場合，位相整合条件は，

$$n(\Omega) > n_{\mathrm{g}}(\omega_0) \tag{2.239}$$

のときに満たされるので，これを満足させるためにはやはり複屈折性かフォノン共鳴が用いられる．この場合，テラヘルツ波の角周波数 Ω に合わせて，位相整合条件を満足させるように ω と $\omega + \Omega$ の光の間の角度を調整する．

2.10.5 電気光学サンプリング

電気光学効果は，電場によって光の偏光などを制御する目的だけでなく，逆にその効果を用いて，電場を光で検出する手段としても用いられる．それを**電気光学サンプリング** (EO サンプリング；electro-optic sampling) という．電気光学サンプリングは，一般に電場を非接触・非破壊に測定する手法として用いられるが，特にその高速応答性により，テラヘルツ波の検出において威力を発揮する．電気光学サンプリングでは，もともと等方性の媒質に電場印加によって生じる複屈折性を検出する方法が取られることが多い．等方性結晶の電気光学定数は，図 2.22 に示したように $r_{41} = r_{52} = r_{63}$ 以外はゼロであり，任意の印加電場と入射光の方向に対する性質が明らかにされている（章末の参考文献 [6]）．

ここでは，電気光学サンプリング測定の典型的な配置である図 2.29 の場合について考えよう．ZnTe や GaP などの等方性の電気光学結晶の (110) 面に垂直にテラヘルツ波とプローブ光を入射し，テラヘルツ波の電場の振動方向を $(1\bar{1}0)$ とする．すると，テラヘルツ波の電場

$$E_{\mathrm{T}} = \frac{1}{\sqrt{2}} \begin{pmatrix} E_{\mathrm{T}} \\ -E_{\mathrm{T}} \\ 0 \end{pmatrix} \tag{2.240}$$

2.10 テラヘルツ波の発生と検出

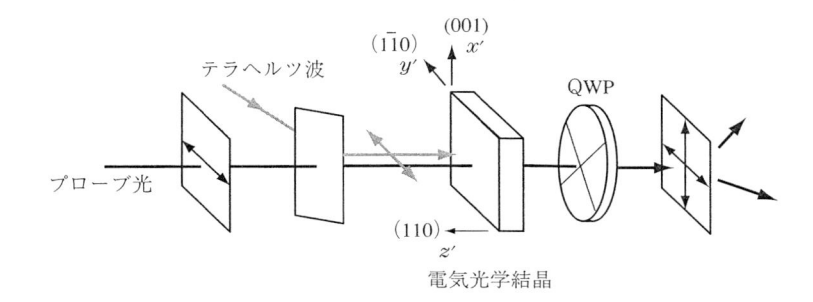

図 2.29 電気光学サンプリングによるテラヘルツ波測定．QWP は 4 分の波長板．

により，結晶の屈折率楕円体は，

$$\frac{x^2}{n^2} + \frac{y^2}{n^2} + \frac{z^2}{n^2} + \sqrt{2}\, r_{41} E_{\mathrm{T}}(yz - zx) = 1 \tag{2.241}$$

となる．座標軸 (x', y', z') を図のように

$$x' = z \tag{2.242}$$

$$y' = \frac{1}{\sqrt{2}}(x - y) \tag{2.243}$$

$$z' = \frac{1}{\sqrt{2}}(x + y) \tag{2.244}$$

の方向に取り直すと，(2.241) は，

$$\frac{1}{n^2}(x'^2 + y'^2 + z'^2) - 2r_{41} E_{\mathrm{T}} x' y' = 1 \tag{2.245}$$

となる．さらに，新たに座標軸 (x'', y'', z'') を

$$x'' = \frac{1}{\sqrt{2}}(x' - y') \tag{2.246}$$

$$y'' = \frac{1}{\sqrt{2}}(x' + y') \tag{2.247}$$

90   2. 2次の非線形光学効果

$$z'' = z' \tag{2.248}$$

と取り直せば，

$$\left(\frac{1}{n^2} + r_{41}E_T\right)(x'')^2 + \left(\frac{1}{n^2} - r_{41}E_T\right)(y'')^2 + \frac{(z'')^2}{n^2} = 1 \tag{2.249}$$

と屈折率楕円体が対角化されるので，結晶の x''，y''，z'' それぞれの軸方向の屈折率が，

$$n_{x''} = n - \frac{1}{2}n^3 r_{41} E_T \tag{2.250}$$

$$n_{y''} = n + \frac{1}{2}n^3 r_{41} E_T \tag{2.251}$$

$$n_{z''} = n \tag{2.252}$$

と求められる．

 x'' 軸と y'' 軸は，結晶面内にあり，テラヘルツ波の電場に対して $\pm\pi/4$ の方向であるので，電気光学サンプリングのプローブ光にとっては，$\pm\pi/4$ の方向に屈折率差

$$\Delta n = n^3 r_{41} E_T \tag{2.253}$$

が生じたことになる．2.9.2項に記したように，図2.29のように x'' 方向が速軸となる4分の波長板（付録のC.2節を参照）によって固定バイアスを加え，偏光板で x' 軸と y' 軸方向の偏光に分けると，それぞれの光の振幅は，ジョーンズベクトルを用いて，

$$\begin{aligned}
&R\left(-\frac{\pi}{4}\right)\begin{pmatrix}\exp\left(-\frac{i\pi}{4}\right) & 0 \\ 0 & \exp\left(\frac{i\pi}{4}\right)\end{pmatrix}\begin{pmatrix}\exp\left(-\frac{i\Delta\phi}{2}\right) & 0 \\ 0 & \exp\left(\frac{i\Delta\phi}{2}\right)\end{pmatrix}R\left(\frac{\pi}{4}\right)\begin{pmatrix}0 \\ E_0\end{pmatrix}\\
&= E_0\begin{pmatrix}-i\sin\left(\frac{\Delta\phi}{2}+\frac{\pi}{4}\right) \\ \cos\left(\frac{\Delta\phi}{2}+\frac{\pi}{4}\right)\end{pmatrix}
\end{aligned} \tag{2.254}$$

と求められる．ここで位相差 $\Delta\phi$ は，電気光学結晶の厚さを L，プローブ光

の真空中の波長を λ とすると

$$\Delta\phi = \frac{2\pi\,\Delta n\,L}{\lambda} \qquad (2.255)$$

である．したがって，**バランス検出**により x' 軸偏光の光強度 $I_{x'}$ から y' 軸偏光の光強度 $I_{y'}$ を引くと

$$\Delta I = I_{x'} - I_{y'} = I_0 \sin\Delta\phi \qquad (2.256)$$

と，位相差すなわちテラヘルツ波の電場に比例した信号が得られる．なお，バランス検出や屈折率異方性のその他の測定法に関しては，3.4.4 項と 4.7 節も参照してほしい．

テラヘルツ波の電気光学サンプリングによる検出の過程は，周波数領域で見ると，プローブ光とテラヘルツ波との和周波発生および差周波発生であるので，2.10.4 項に述べた位相整合条件が適用される．

参考文献

[1] F. Zernike and J.E. Midwinter: *Applied Nonlinear Optics* (Wiley, New York, 1973).

[2] P.A. Franken, A.E. Hill, C.W. Peters, and G. Weinreich: Phys. Rev. Lett. **7** (1961) 118.

[3] P.D. Maker, R.W. Terhune, M. Nisenoff, and C.M. Savage: Phys. Rev. Lett. **8** (1962) 21.

[4] G.D. Boyd and D.A. Kleinman: J. Appl. Phys. **39** (1968) 3597.

[5] C.G.B. Garrett: IEEE J. QE. **4** (1968) 70.

[6] N.C.J. van der Valk, T. Wenckebach, and P.C.M. Planken: J. Opt. Soc. Am. B **21** (2004) 622.

章末問題

 1 μm と 1.2 μm の波長の光を用いた非線形光学効果による波長変換について，以下の問いに答えよ．

（1） 1 μm と 1.2 μm の光の和周波の光の波長はいくらか．また，この和周波発生過程に対する位相整合条件を，それぞれの波長 (1 μm，1.2 μm，和周波) における媒質の屈折率を用いて表せ．ただし，それぞれの入射光の進行方向は同じとする．

（2） 1 μm と 1.2 μm の光の差周波の光の波長はいくらか．また，この差周波発生過程に対する位相整合条件を，それぞれの波長における媒質の屈折率を用いて表せ．ただし，それぞれの入射光の進行方向は同じとする．

（3） 2 次の非線形光学過程のみを用いて第 3 高調波，第 4 高調波を発生させるにはどうすればよいか．

第 3 章

3 次の非線形光学効果

　3 次の非線形光学効果は，反転対称性のある媒質においても存在する．したがって 3 次の非線形光学効果は，どのような媒質においても起こりうる最低次の非線形光学効果である．以下では，3 次の非線形光学効果とそれによって生じる種々の現象について述べる．

3.1　3 次の非線形光学現象と 4 光波混合

　3 次の非線形分極は入射光電場の 3 乗に比例するので，この分極からは，入射光に含まれる三つの周波数の間の和や差の周波数を持つ新たな光が発生することになる．また 3 次の非線形分極には，入射光と同じ周波数を持つ成分もあるので，これにより入射光が変調を受けたり入射光と同じ周波数の光が散乱されたりする．

　図 3.1 のように，角周波数 ω_1, ω_2, ω_3, 波数ベクトル k_1, k_2, k_3 の光から，

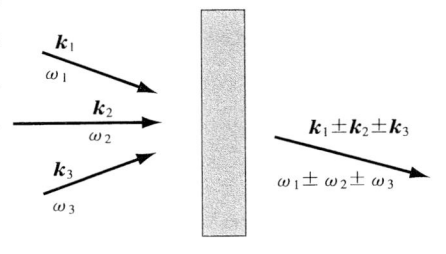

図 3.1　一般的な 4 光波混合

角周波数 $\omega_1 \pm \omega_2 \pm \omega_3$, 波数ベクトル $k_1 \pm k_2 \pm k_3$ の光を発生する現象を, 一般に **4 光波混合** (four-wave mixing) という. 3 次の非線形光学現象のうちの多くは, 4 光波混合の一種と見なすことができる.

角周波数 ω の入射光に対して $3\omega = \omega + \omega + \omega$ の光が発生する現象は, **第 3 高調波発生** (THG ; third-harmonic generation) である. また, $\omega = \omega + \omega - \omega$ の非線形分極によって新たな光が発生する現象を総称して **縮退 4 光波混合** (degenerate four-wave mixing) と呼んでいる. 縮退とは, 関係する光の周波数がすべて等しいという意味である. このとき, 入射光の波数ベクトルが k_1, k_2, k_3 とそれぞれ異なれば, 出力光の波数ベクトルは $k_3 + k_2 - k_1$ のようになり, 新たな方向に入射光と同じ周波数の光が発生する. また, 屈折率が光強度によって変化する **光カー効果** (optical Kerr effect) や吸収係数が光強度によって変化する **吸収飽和** や **2 光子吸収** は, 入射光と同じ周波数・波数ベクトルを持つ 3 次の非線形分極によって生じる現象である. また, 二つの異なる角周波数 ω_1, ω_2 を持つ入射光から $\omega_1 = \omega_1 + \omega_2 - \omega_2$ の非線形分極を発生する場合も同様である.

三つの異なる角周波数 $\omega_1, \omega_2, \omega_3$ から角周波数 $\omega_3 + \omega_2 - \omega_1$ の非線形分極を生じる場合が一般的な **非縮退 4 光波混合** (nondegenerate four-wave mixing) であり, $\omega_2 - \omega_1$ が物質内の振動モードや音響フォノンモードに共鳴しているときは, それぞれ **誘導ラマン散乱** (stimulated Raman scattering) または **コヒーレント・ラマン散乱** (coherent Raman scattering), **誘導ブリユアン散乱** (stimulated Brillouin scattering) または **コヒーレント・ブリユアン散乱** (coherent Brillouin scattering) と呼ばれる. このコヒーレント・ラマン散乱については, 第 4 章で詳しく述べる.

特殊な場合として, 入力電場のうち一つまたは二つが静電場すなわち周波数ゼロの場合である, **電場誘起第 2 高調波発生** (field-induced second-harmonic generation) や **dc カー効果** (dc Kerr effect) も, 3 次の非線形光学効果と見なせる. これらの各種の 3 次の非線形光学過程を表 3.1 にまとめた.

表 3.1　3 次の非線形光学過程の一覧

入力	出力	非線形感受率	非線形光学過程
ω	3ω	$\chi^{(3)}(3\omega;\omega,\omega,\omega)$	第 3 高調波発生
ω	ω	$\mathrm{Re}\{\chi^{(3)}(\omega;\omega,\omega,-\omega)\}$	光カー効果
ω	ω	$\mathrm{Im}\{\chi^{(3)}(\omega;\omega,\omega,-\omega)\}$	吸収飽和,
			2 光子吸収
ω	ω	$\chi^{(3)}(\omega;\omega,\omega,-\omega)$	フォトンエコー,
			過渡的回折格子,
			位相共役波発生,
			縮退 4 光波混合
ω_1,ω_2	ω_1	$\mathrm{Re}\{\chi^{(3)}(\omega_1;\omega_1,\omega_2,-\omega_2)\}$	光カー効果
ω_1,ω_2	ω_1	$\mathrm{Im}\{\chi^{(3)}(\omega_1;\omega_1,\omega_2,-\omega_2)\}$	誘導吸収,
			2 光子吸収,
			誘導ラマン利得,
			逆ラマン効果
ω_1,ω_2	ω_1	$\chi^{(3)}(\omega_1;\omega_1,\omega_2,-\omega_2)$	過渡的回折格子
ω_1,ω_2	$2\omega_2-\omega_1$	$\chi^{(3)}(2\omega_2-\omega_1;\omega_2,\omega_2,-\omega_1)$	コヒーレント
			・ラマン散乱,
			4 光波混合
$\omega_1,\omega_2,\omega_3$	$\omega_3\pm\omega_2\pm\omega_1$	$\chi^{(3)}(\omega_3\pm\omega_2\pm\omega_1;\omega_3,\pm\omega_2,\pm\omega_1)$	非縮退 4 光波混合
$0,\omega$	ω	$\chi^{(3)}(\omega;\omega,0,0)$	dc カー効果
$0,\omega$	2ω	$\chi^{(3)}(2\omega;\omega,\omega,0)$	電場誘起
			第 2 高調波発生

3.2　3 次の非線形分極

まずは，一般的な場合の 3 次の非線形分極の表式について考えよう．3 次の非線形分極 $P^{(3)}$ は，

$$P^{(3)}(t) = \varepsilon_0 \chi^{(3)} [E(t)]^3 \tag{3.1}$$

と表される．いま，入射電場 E が $\omega_1,\omega_2,\omega_3$ の 3 つの角周波数を持つ電場から成るとすると，

$$E(t) = \frac{1}{2}E^{(\omega_1)}\exp(-i\omega_1 t) + \frac{1}{2}E^{(\omega_2)}\exp(-i\omega_2 t) + \frac{1}{2}E^{(\omega_3)}\exp(-i\omega_3 t) + \text{c.c.}$$
(3.2)

のように表すことができる．(3.1) にこれを代入することで得られる非線形分極には，(正負の周波数を別と考えると) 44 の異なる周波数成分が含まれる．それらの角周波数は，以下に挙げたものとそれらの正負を反転させたものである．

$$3\omega_1,\ 3\omega_2,\ 3\omega_3,\ \omega_1,\ \omega_2,\ \omega_3,$$
$$2\omega_1 \pm \omega_2,\ 2\omega_1 \pm \omega_3,\ 2\omega_2 \pm \omega_1,\ 2\omega_2 \pm \omega_3,\ 2\omega_3 \pm \omega_1,\ 2\omega_3 \pm \omega_2,$$
$$\omega_1 + \omega_2 + \omega_3,\ \omega_1 + \omega_2 - \omega_3,\ \omega_1 - \omega_2 + \omega_3,\ -\omega_1 + \omega_2 + \omega_3$$
(3.3)

非線形分極を

$$P^{(3)}(t) = \frac{1}{2}\sum_n P^{(\omega_n)}\exp(-i\omega_n t) + \text{c.c.} \qquad (3.4)$$

と書くと，非線形分極の各周波数成分の複素振幅は，

$$P^{(3\omega_1)} = \frac{\varepsilon_0 \chi^{(3)}}{4}[E^{(\omega_1)}]^3, \quad P^{(3\omega_2)} = \frac{\varepsilon_0 \chi^{(3)}}{4}[E^{(\omega_2)}]^3, \quad P^{(3\omega_3)} = \frac{\varepsilon_0 \chi^{(3)}}{4}[E^{(\omega_3)}]^3,$$

$$P^{(\omega_1)} = \frac{\varepsilon_0 \chi^{(3)}}{4}\left\{3[E^{(\omega_1)}]^2[E^{(\omega_1)}]^* + 6E^{(\omega_1)}E^{(\omega_2)}[E^{(\omega_2)}]^* + 6E^{(\omega_1)}E^{(\omega_3)}[E^{(\omega_3)}]^*\right\},$$

$$P^{(\omega_2)} = \frac{\varepsilon_0 \chi^{(3)}}{4}\left\{3[E^{(\omega_2)}]^2[E^{(\omega_2)}]^* + 6E^{(\omega_2)}E^{(\omega_1)}[E^{(\omega_1)}]^* + 6E^{(\omega_2)}E^{(\omega_3)}[E^{(\omega_3)}]^*\right\},$$

$$P^{(\omega_3)} = \frac{\varepsilon_0 \chi^{(3)}}{4}\left\{3[E^{(\omega_3)}]^2[E^{(\omega_3)}]^* + 6E^{(\omega_3)}E^{(\omega_1)}[E^{(\omega_1)}]^* + 6E^{(\omega_3)}E^{(\omega_2)}[E^{(\omega_2)}]^*\right\},$$

$$P^{(2\omega_1+\omega_2)} = \frac{3}{4}\varepsilon_0 \chi^{(3)}[E^{(\omega_1)}]^2 E^{(\omega_2)}, \quad P^{(2\omega_1-\omega_2)} = \frac{3}{4}\varepsilon_0 \chi^{(3)}[E^{(\omega_1)}]^2[E^{(\omega_2)}]^*,$$

$$P^{(2\omega_1+\omega_3)} = \frac{3}{4}\varepsilon_0 \chi^{(3)}[E^{(\omega_1)}]^2 E^{(\omega_3)}, \quad P^{(2\omega_1-\omega_3)} = \frac{3}{4}\varepsilon_0 \chi^{(3)}[E^{(\omega_1)}]^2[E^{(\omega_3)}]^*,$$

3.2 3次の非線形分極

$$P^{(2\omega_2+\omega_1)} = \frac{3}{4}\varepsilon_0\chi^{(3)}[E^{(\omega_2)}]^2 E^{(\omega_1)}, \qquad P^{(2\omega_2-\omega_1)} = \frac{3}{4}\varepsilon_0\chi^{(3)}[E^{(\omega_2)}]^2 [E^{(\omega_1)}]^*,$$

$$P^{(2\omega_2+\omega_3)} = \frac{3}{4}\varepsilon_0\chi^{(3)}[E^{(\omega_2)}]^2 E^{(\omega_3)}, \qquad P^{(2\omega_2-\omega_3)} = \frac{3}{4}\varepsilon_0\chi^{(3)}[E^{(\omega_2)}]^2 [E^{(\omega_3)}]^*,$$

$$P^{(2\omega_3+\omega_1)} = \frac{3}{4}\varepsilon_0\chi^{(3)}[E^{(\omega_3)}]^2 E^{(\omega_1)}, \qquad P^{(2\omega_3-\omega_1)} = \frac{3}{4}\varepsilon_0\chi^{(3)}[E^{(\omega_3)}]^2 [E^{(\omega_1)}]^*,$$

$$P^{(2\omega_3+\omega_2)} = \frac{3}{4}\varepsilon_0\chi^{(3)}[E^{(\omega_3)}]^2 E^{(\omega_2)}, \qquad P^{(2\omega_3-\omega_2)} = \frac{3}{4}\varepsilon_0\chi^{(3)}[E^{(\omega_3)}]^2 [E^{(\omega_2)}]^*,$$

$$P^{(\omega_1+\omega_2+\omega_3)} = \frac{6}{4}\varepsilon_0\chi^{(3)} E^{(\omega_1)} E^{(\omega_2)} E^{(\omega_3)}, \qquad P^{(\omega_1+\omega_2-\omega_3)} = \frac{6}{4}\varepsilon_0\chi^{(3)} E^{(\omega_1)} E^{(\omega_2)} [E^{(\omega_3)}]^*,$$

$$P^{(\omega_1-\omega_2+\omega_3)} = \frac{6}{4}\varepsilon_0\chi^{(3)} E^{(\omega_1)} [E^{(\omega_2)}]^* E^{(\omega_3)}, \quad P^{(-\omega_1+\omega_2+\omega_3)} = \frac{6}{4}\varepsilon_0\chi^{(3)} [E^{(\omega_1)}]^* E^{(\omega_2)} E^{(\omega_3)}$$

(3.5)

と表される．また，

$$E^{(-\omega)} = [E^{(\omega)}]^* \tag{3.6}$$

であることを用いると，これらは，まとめて

$$P^{(\omega_i+\omega_j+\omega_k)} = \frac{K}{4}\varepsilon_0\chi^{(3)} E^{(\omega_i)} E^{(\omega_j)} E^{(\omega_k)} \tag{3.7}$$

のように表すことができる．あるいは，$\chi^{(3)}$ の周波数依存性を考慮すると，

$$P^{(\omega_i+\omega_j+\omega_k)} = \frac{K}{4}\varepsilon_0\chi^{(3)}(\omega_i+\omega_j+\omega_k;\omega_i,\omega_j,\omega_k) E^{(\omega_i)} E^{(\omega_j)} E^{(\omega_k)} \tag{3.8}$$

となる．ただし，ここで $\omega_i, \omega_j, \omega_k$ は，それぞれ $\pm\omega_1, \pm\omega_2, \pm\omega_3$ のうちのどれかである．

ここで，(3.7)，(3.8) に現れる因子 K は**縮退因子**（degeneracy factor）といわれ，電場の周波数の組 $(\omega_i, \omega_j, \omega_k)$ に対する，異なる並び替えの数を表す．すなわち，$\omega_i, \omega_j, \omega_k$ がすべて同じであれば $K=1$，二つが同じで残りの一つが異なれば $K=3$，三つとも異なれば $K=6$ となる．なお，光電場と非線形分極のうちに直流成分，すなわち周波数ゼロの成分がある場合，それらの成分の振幅の表し方が周波数が有限の場合とは異なるので，結果として，非

線形分極を表す表式に現れる因子が上に述べたものとは異なることになる．ここでは，その一般的な式は与えないが，そのような場合には，(3.1) に戻って考えることで，容易に適切な表式を得ることができる．

また，電場の位置依存性を明示して，

$$E(\boldsymbol{r}, t) = \frac{1}{2}E^{(\omega_1)}\exp[i(\boldsymbol{k}_1 \cdot \boldsymbol{r} - \omega_1 t)] + \frac{1}{2}E^{(\omega_2)}\exp[i(\boldsymbol{k}_2 \cdot \boldsymbol{r} - \omega_2 t)]$$
$$+ \frac{1}{2}E^{(\omega_3)}\exp[i(\boldsymbol{k}_3 \cdot \boldsymbol{r} - \omega_3 t)] + \text{c.c.} \quad (3.9)$$

と表すと，非線形分極の各周波数成分の振幅は

$$P^{(\omega_i+\omega_j+\omega_k)}(\boldsymbol{r}) = \frac{K}{4}\varepsilon_0 \chi^{(3)}(\omega_i+\omega_j+\omega_k;\omega_i,\omega_j,\omega_k)E^{(\omega_i)}E^{(\omega_j)}E^{(\omega_k)}$$
$$\times \exp[i(\boldsymbol{k}_i+\boldsymbol{k}_j+\boldsymbol{k}_k)\cdot\boldsymbol{r}] \quad (3.10)$$

と表される．ただし $\boldsymbol{k}_m$ ($m=i,j,k$) は，ω_m が ω_1, ω_2, または ω_3 の場合は，それぞれ $\boldsymbol{k}_1, \boldsymbol{k}_2, \boldsymbol{k}_3$ を表し，ω_m が $-\omega_1, -\omega_2$, または $-\omega_3$ の場合は，それぞれ $-\boldsymbol{k}_1, -\boldsymbol{k}_2, -\boldsymbol{k}_3$ を表すものとする．

電場と分極がベクトルであることを考慮すると，3次の非線形感受率は4階のテンソルとなり，(3.7) は，

$$P_i^{(\omega_i+\omega_j+\omega_k)} = \frac{K}{4}\varepsilon_0 \sum_{jkl}\chi_{ijkl}^{(3)}E_j^{(\omega_i)}E_k^{(\omega_j)}E_l^{(\omega_k)} \quad (3.11)$$

のように表される．$\chi^{(3)}$ テンソルは81個の成分を持つが，媒質がなんらかの対称性を持っていると，そのうちのいくつかがゼロになったり，ゼロでない成分の値が互いに独立でなくなったりする．等方的な媒質では，表3.2に示すようにゼロでない成分は21個である．これらのゼロでない成分は，四つの成分 ($\chi_{xxxx}^{(3)}, \chi_{xxyy}^{(3)}, \chi_{xyxy}^{(3)}, \chi_{xyyx}^{(3)}$) のいずれかに等しく，さらにそれらの間には，表3.2の最下行に示された $\chi_{xxxx}^{(3)} = \chi_{xxyy}^{(3)} + \chi_{xyxy}^{(3)} + \chi_{xyyx}^{(3)}$ の関係が成り立つの

で，結局，そのなかで独立なものは三つだけである．すべての結晶群における3次の非線形感受率テンソルの形については，章末の参考文献 [1] などにその一覧が挙げられている．

表 3.2 等方媒質における3次非線形感受率のテンソル成分

ゼロでない成分
$\chi^{(3)}_{xxxx} = \chi^{(3)}_{yyyy} = \chi^{(3)}_{zzzz}$
$\chi^{(3)}_{xxyy} = \chi^{(3)}_{yyxx} = \chi^{(3)}_{xxzz} = \chi^{(3)}_{zzxx} = \chi^{(3)}_{yyzz} = \chi^{(3)}_{zzyy}$
$\chi^{(3)}_{xyxy} = \chi^{(3)}_{yxyx} = \chi^{(3)}_{xzxz} = \chi^{(3)}_{zxzx} = \chi^{(3)}_{yzyz} = \chi^{(3)}_{zyzy}$
$\chi^{(3)}_{xyyx} = \chi^{(3)}_{yxxy} = \chi^{(3)}_{xzzx} = \chi^{(3)}_{zxxz} = \chi^{(3)}_{yzzy} = \chi^{(3)}_{zyyz}$
$\chi^{(3)}_{xxxx} = \chi^{(3)}_{xxyy} + \chi^{(3)}_{xyyx} + \chi^{(3)}_{xyxy}$

3.3 光強度に依存する光学定数

　媒質の屈折率や吸収係数といった光学定数が光の強度に比例して変化する現象は，3次の非線形光学現象として理解することができる．(3.5) のうち，入射電場と同じ角周波数を持つ分極成分の存在は，実効的な感受率が光強度に比例して変化することを示している．

　いま，入射電場 E が ω_1, ω_2 の2つの角周波数を持つ電場から成れば

$$E(t) = \frac{1}{2}E^{(\omega_1)}\exp(-i\omega_1 t) + \frac{1}{2}E^{(\omega_2)}\exp(-i\omega_2 t) + \text{c.c.} \quad (3.12)$$

のように表される．このとき角周波数が ω_1 の分極を，

$$P^{(\omega_1)}(t) = \frac{1}{2}P^{(\omega_1)}\exp(-i\omega_1 t) + \text{c.c.} \quad (3.13)$$

と書くことにする．これは線形分極と3次の非線形分極の和として，

$$P^{(\omega_1)} = P_L^{(\omega_1)} + P_{NL}^{(\omega_1)} \quad (3.14)$$

$$P_L^{(\omega_1)} = \varepsilon_0 \chi E^{(\omega_1)} \quad (3.15)$$

$$P_{NL}^{(\omega_1)} = \frac{3}{4}\varepsilon_0 \chi^{(3)}\{[E^{(\omega_1)}]^2[E^{(\omega_1)}]^* + 2E^{(\omega_1)}E^{(\omega_2)}[E^{(\omega_2)}]^*\}$$

$$= \frac{3}{4}\varepsilon_0 \chi^{(3)}\{|E^{(\omega_1)}|^2 + 2|E^{(\omega_2)}|^2\}E^{(\omega_1)} \quad (3.16)$$

のように表されるので，これらを合わせて，

$$P^{(\omega_1)} = \varepsilon_0 \Big[\chi + \frac{3}{4}\chi^{(3)} \{ |E^{(\omega_1)}|^2 + 2|E^{(\omega_2)}|^2 \} \Big] E^{(\omega_1)} \tag{3.17}$$

となる．あるいは，角周波数 ω_1, ω_2 の光の強度がそれぞれ

$$I^{(\omega_1)} = \frac{1}{2}\varepsilon_0 c\, n(\omega_1) |E^{(\omega_1)}|^2 \tag{3.18}$$

$$I^{(\omega_2)} = \frac{1}{2}\varepsilon_0 c\, n(\omega_2) |E^{(\omega_2)}|^2 \tag{3.19}$$

(ここで，$n(\omega_1), n(\omega_2)$ は，角周波数 ω_1, ω_2 における媒質の屈折率) と書ける (付録の B.4 節を参照) ことを用いると，

$$P^{(\omega_1)} = \varepsilon_0 \Big\{ \chi + \frac{3\chi^{(3)}}{2\varepsilon_0 c} \Big[\frac{I^{(\omega_1)}}{n(\omega_1)} + 2\frac{I^{(\omega_2)}}{n(\omega_2)} \Big] \Big\} E^{(\omega_1)} \tag{3.20}$$

となる．この式から，この媒質の感受率が χ から，実効的な感受率

$$\chi_{\text{eff}} = \chi + \frac{3\chi^{(3)}}{2\varepsilon_0 c} \Big[\frac{I^{(\omega_1)}}{n(\omega_1)} + 2\frac{I^{(\omega_2)}}{n(\omega_2)} \Big] \tag{3.21}$$

に変化したと見なすことができる．

　上の議論より，入射光の強度に比例して媒質の光学定数が変化する現象は，3 次の非線形分極を用いて記述することができる．なお，非線形光学効果の原因が非線形分極と同じ周波数の光であるか，異なる周波数の光であるかによって，因子 2 だけ効果が異なるが，これは (3.8) に現れる縮退因子 K の違いによるものである．縮退因子は，非線形分極の表式に現れる電場の積における異なる並び替えの数に等しいので，波数ベクトルの異なる 2 本の光ビームを用いた場合など，二つの光が区別できるときには，たとえ周波数が等しくても異なる光からの寄与には因子 2 が現れる．

　入射光の強度に比例して媒質の光学定数が変化する現象のうち，屈折率が変化する現象は光カー効果 (optical Kerr effect) と呼ばれ，その効果は，$\chi^{(3)}$ の実部によって表される．これについては 3.4 節に詳しく記述する．また，

吸収係数が変化する現象は, $\chi^{(3)}$ の虚部で表されるが, その変化の発生機構はさまざまであり, 2光子吸収 (two-photon absorption), 誘導吸収 (induced absorption), 吸収飽和 (absorption saturation), 誘導ラマン利得 (stimulated Raman gain), 逆ラマン効果 (inverse Raman effect) などがそれに含まれる.

これらの効果により, 物質の光学的な性質を光によって制御できる. このことを用いると, 光演算, 光スイッチ, 光メモリーなどの機能を実現することができる.

3.4 光カー効果

3.4.1 非線形屈折率と非線形感受率

媒質の屈折率が光強度に比例して変化する現象を**光カー効果**という. このとき媒質の屈折率 n は,

$$n = n_0 + n_2 I \tag{3.22}$$

と表される. ただし, ここで I は光強度, n_0 は線形な屈折率, すなわち光が弱いときに観測される屈折率である. (3.22) に現れた n_2 を**非線形屈折率**(nonlinear refractive index) という.

なお「光カー効果」という言葉は, より狭い意味では, 光強度に比例して屈折率に異方性, すなわち複屈折性が生じる現象を指す. その場合, 屈折率が光強度に比例して変化する現象に対しては, 「強度依存屈折率」(intensity-dependent refractive index) または「非線形屈折率」といった言葉を用いることで「光カー効果」と区別する. 実際のところほとんどの場合, 光強度に応じて屈折率が変化するときには同時に異方性が生じるので, 二つの定義は多くの場面で混乱なく併存している. しかし, 媒質に複屈折性が生じると光の偏光状態が変化し, またそのことを用いた感度の良い光カー効果の測定法

が広く用いられているので，そのような現象や測定との関連では，複屈折性が生じる現象のみを指し「光カー効果」という言葉が用いられることが多い．

(3.22)で定義された n_2 と 3 次の非線形感受率の実部 $\chi^{(3)}$ とは，以下のように関係づけられる．いま，媒質の消衰係数 κ は，1 より十分小さい ($\kappa \ll 1$) とする．このとき，屈折率 n と感受率の実部 χ' の間に

$$n = \sqrt{1+\chi'} \tag{3.23}$$

が成り立つ．(3.23)において，光強度による χ の変化分を $\Delta\chi$ とし，それによる屈折率の変化分を Δn とすると，

$$n_0 + \Delta n = \sqrt{1+\mathrm{Re}(\chi+\Delta\chi)} \tag{3.24}$$

$$\cong \sqrt{1+\chi'}\left[1+\frac{\mathrm{Re}(\Delta\chi)}{2(1+\chi')}\right] = n_0 + \frac{\mathrm{Re}(\Delta\chi)}{2n_0} \tag{3.25}$$

となる．これと (3.21)，(3.22) とを比べることで，

$$n_2^{\mathrm{self}} = \frac{3\mathrm{Re}\{\chi^{(3)}(\omega\,;\,\omega,\omega,-\omega)\}}{4\varepsilon_0 c[n(\omega)]^2} \tag{3.26}$$

$$n_2^{\mathrm{ind}} = \frac{3\mathrm{Re}\{\chi^{(3)}(\omega\,;\,\omega,\omega',-\omega')\}}{2\varepsilon_0 c\, n(\omega)n(\omega')} \tag{3.27}$$

のように n_2 と $\mathrm{Re}\{\chi^{(3)}\}$ とが関係づけられる．ここで，n_2^{self} は屈折率を変化させる原因となる光と，それを感じる光が同一の場合の非線形屈折率であり，n_2^{ind} は屈折率を変化させる原因となる光（角周波数を ω とする）と，それを感じる光（角周波数を ω' とする）が異なる場合の非線形屈折率である．ただし，$\omega = \omega'$ であっても，進行方向や偏光，時間などで，2 つの光が区別される場合は，非線形屈折率は，n_2^{ind} になる．

非線形屈折率 n_2 が (3.22) の代わりに電場振幅 E を用いて，

$$n = n_0 + n_2|E|^2 \tag{3.28}$$

で定義されることも多い．本書では，(3.22)の定義と区別するために，

$$n = n_0 + n_2^E|E|^2 \tag{3.29}$$

と書くことにする．この定義によると，

3.4 光カー効果

$$n_2^{E\,\text{self}} = \frac{3}{8n(\omega)} \text{Re}\{\chi^{(3)}(\omega\,;\,\omega,\omega,-\omega)\} \tag{3.30}$$

$$n_2^{E\,\text{ind}} = \frac{3}{4n(\omega)} \text{Re}\{\chi^{(3)}(\omega\,;\,\omega,\omega',-\omega')\} \tag{3.31}$$

となる.なお,n_2^E と $\chi^{(3)}$ とを結び付けるこれらの関係式は,光電場の振幅の定義の仕方が本書と異なると因子2の違いが生じることにも注意が必要である.このことについては,付録Fを参照してほしい.

ほとんどの透明媒質では n_2 は正の値を持つ.入射光が電子励起に対して非共鳴な場合,光カー効果は,その物理的な起源から電子分極の非線形性による寄与と分子運動による寄与とに分けられる(章末の参考文献 [2]).電子分極の非線形性は,2次の非線形性について2.3節に記述されている非調和振動子模型のポテンシャルに,4次の項を導入することで理解できるものであり,どのような媒質にも存在する.

分子運動による寄与について,分子から成る液体を例にして考えよう.二硫化炭素 (CS_2) などの分子液体は,典型的な光カー媒質として知られている.二硫化炭素のように非等方的な分子から成る液体では,図3.2に示すように,分子が光電場によって配向することにより光カー効果が生じる.分子の分極率の光電場方向のテンソル成分を α_{xx} とし,入射光の電場を

$$E(t) = \frac{1}{2}E_0 \exp(-i\omega t) + \text{c.c.} \tag{3.32}$$

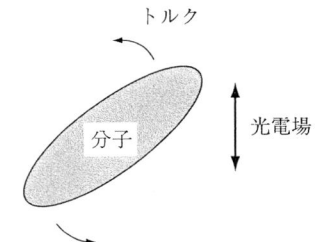

図 3.2 分子の配向による光カー効果

とすると，分子には電気双極子モーメント $p(t) = \alpha_{xx} E(t)$ が生じ，その電気双極子モーメントと光電場との相互作用により，分子はポテンシャルエネルギー

$$V = -\frac{1}{2}\alpha_{xx}|E_0|^2 \qquad (3.33)$$

を感じる．ただし，分子の運動は光電場の振動には追随できないので，(3.33)のポテンシャルエネルギーは，光電場の振動に関してサイクル平均を取ってある．

非等方的な分子では，それぞれの軸方向ごとに分極率が異なるので，強い光が照射されると，分子は，分極率が最も大きい軸方向が光電場の方向に向くように力を受け，その方向に配向する．液体中では，液体を構成するそれぞれの分子はピコ秒オーダーで運動していて，その配向は乱雑であり，平均としては等方的な状態である．そこに光が照射されることにより，配向の分布は，分極率の大きな軸が平均としてわずかに光電場の方向を向くことになる．その結果，媒質の屈折率は光電場方向の値が増加し，それに直交する二つの方向の屈折率は，増加分の2分の1ずつ減少する．

電子分極の非線形性による光カー効果は，光強度に追随するほぼ瞬間的な時間応答を示すのに対し，分子の配向運動による光カー効果は，分子運動の速さを反映し数ピコ秒程度の時間応答を持つ．

分子の配向運動は，減衰の大きいラマン振動モードと見なすこともでき，そのように見た場合，分子配向による光カー効果は，そのような振動モードによる誘導ラマン散乱と考えることもできる（4.1節に記すように，分子の配向運動による光散乱は，特にレイリーウィング散乱と呼ばれるので，光カー効果は，誘導レイリーウィング散乱の一種であるということもできる）．液体中の分子配向以外にも，分子の低周波数振動モードや，固体やガラスにおける格子振動による誘導ラマン散乱によっても，媒質の屈折率が光強度に比例して変化する現象が起きる．これらはラマン誘起カー効果 (Raman induced Kerr effect) とも呼ばれる．ラマン誘起カー効果という言葉は，光照射により屈折率が変化する現象全般ではなく，特に複屈折性が生じることを指して用いられる場合が多い．これについては，4.7節に記す．誘導ラマン散乱全般については，詳しくは第4章を参照してほしい．

　光カー効果を表す3次の非線形感受率は，4階のテンソルであり，媒質や分子運動の対称性に応じてテンソルの形に制限がある．等方性の媒質では，前にも述べたが $\chi^{(3)}_{ijkl}$ のうちでゼロでないものは

$$\chi^{(3)}_{xxxx}, \quad \chi^{(3)}_{xxyy}, \quad \chi^{(3)}_{xyxy}, \quad \chi^{(3)}_{xyyx} \tag{3.34}$$

および，これらと同等なものだけであり，さらに，

$$\chi^{(3)}_{xxxx} = \chi^{(3)}_{xxyy} + \chi^{(3)}_{xyxy} + \chi^{(3)}_{xyyx} \tag{3.35}$$

が成り立つ（表3.2を参照）．

　分子運動による光カー効果を表す $\chi^{(3)}$ に対しては，さらに以下の関係が成り立つことがわかっている．分子を配向させるのに使われる光の角周波数を ω_2 で表し，屈折率変化を観測するための光の角周波数を ω_1 で表したとき，光カー効果を表す非線形感受率 $\chi^{(3)}_{ijkl}(\omega_1;\omega_1,\omega_2,-\omega_2)$ に対して，

$$\chi^{(3)}_{xxyy} = -\frac{1}{2}\chi^{(3)}_{xxxx} \tag{3.36}$$

$$\chi^{(3)}_{xyxy} = \chi^{(3)}_{xyyx} = \frac{3}{4}\chi^{(3)}_{xxxx} \tag{3.37}$$

が成り立つ．(3.36)は，分子を配向させる光の電場方向の屈折率増加分の半分だけ，それと直交する方向の屈折率が減少することに対応しており，感受率の総和（感受率テンソルの対角成分の和）は変化しないことを示している．この関係は，偏光解消度が0.75の振動モードによる誘導ラマン散乱の場合に相当する．

　ただし，分子を配向させるのに使われる光の角周波数と屈折率変化を観測するための光の角周波数が，どちらも同じ ω でこれらを区別しない場合は，観測される非線形感受率 $\chi^{(3)}_{ijkl}(\omega;\omega,\omega,-\omega)$ は，(j,k) の入れ替えに対して

区別がなくなるので，この入れ替えに対して対称化すると，

$$\chi^{(3)}_{xxyy} = \chi^{(3)}_{xyxy} = \frac{1}{8}\chi^{(3)}_{xxxx} \tag{3.38}$$

$$\chi^{(3)}_{xyyx} = \frac{3}{4}\chi^{(3)}_{xxxx} \tag{3.39}$$

の関係が成り立つことになる．用いられる光の角周波数が同一でも，短光パルスを用いることにより，屈折率変化を引き起こす光パルスとそれを測定する光パルスを時間的に分離した場合など，両者の光が区別できる場合は，対称化しない非線形感受率を用いなければならない．

これに対して，電子分極の非線形性による光カー効果を表す $\chi^{(3)}$ は，すべての添字の入れ替えに対して不変であるので，

$$\chi^{(3)}_{xxyy} = \chi^{(3)}_{xyxy} = \chi^{(3)}_{xyyx} = \frac{1}{3}\chi^{(3)}_{xxxx} \tag{3.40}$$

となる．

3.4.2　非線形屈折率によって生じる現象

光カー効果によって媒質の屈折率が光強度に応じて変化するとき，以下に述べるような光学現象が生じる．

通常の光ビームは，ビームの中心付近の強度が高く，周辺に行くにしたがって強度が下がるような強度分布を持っているので，高強度のレーザー光ビームが媒質を通過すると，光カー効果のため，ビームの中心付近の屈折率が高くなり，媒質は凸レンズのはたらきをすることになる．これを**カーレンズ効果**（Kerr lens effect）という．この効果のため，高強度の光ビームが図 3.3 のように媒質中で集束されてしまうことがある．これを**自己集束**（self-focusing）という．自己集束が起きると，さらに多光子吸収などの非線形光学効果により，媒質が光学損傷（optical damage）を受けたり，光学損傷には至らなくても，光ビームの伝搬が不安定になったりすることがある．また，レー

3.4 光カー効果

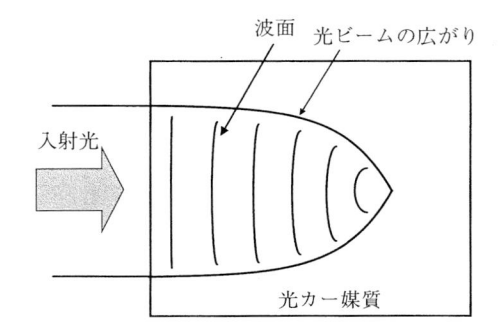

図3.3 光ビームの自己集束

ザー共振器の中でカーレンズ効果を生じるようにして，光強度が強くてカーレンズ効果が十分に起きるときだけ増幅媒体への光の帰還がうまくはたらくように共振器の光学系を組むと，これは超高速な可飽和吸収体として機能するので，これを用いて受動モード同期を起こすことができる．これを**カーレンズモード同期**（Kerr lens mode locking）という．チタンサファイアレーザーなどによる数十フェムト秒以下の超短光パルス発生には，主にカーレンズモード同期が用いられている．

光ビームにおいて，中心部の光強度が周辺より高いのと同じように，光パルスではパルスの時間幅の中で，ピーク付近の強度が先端や後端に比べて高い．そのため，光カー効果を持つ媒質中では，媒質を透過する光パルスの感じる屈折率はパルス内の時間によって異なり，中央部が大きく先端や後端では小さくなる．すると中央部の進行速度が遅くなるため，図3.4に示すように，光電場の振動がパルスの前半では間延びし，後半では詰まってくる．すなわち，パルス前半では光の周波数が低周波数側にシフトし，後半では高周波数側にシフトする．このような現象を**自己位相変調**（self-phase modulation）という．自己位相変調が顕著に生じると，光パルスのスペクトルが広がったり，時間幅が広がったりする．

光ファイバー（optical fiber）の中では，光が狭い領域に閉じ込められていることと，伝搬距離が長いことにより，高強度の光パルスに対して光カー効

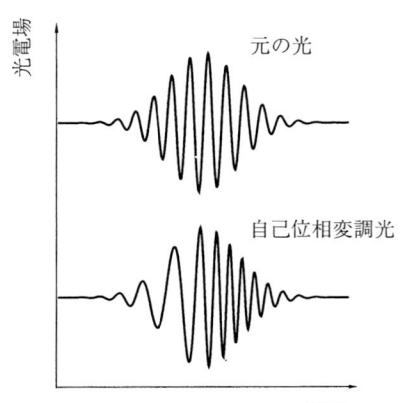

図中ラベル: 光電場, 元の光, 自己位相変調光, 時間

図 3.4 光パルスの自己位相変調

果の影響が顕著に現れる．それにより，分散と非線形性の効果がつり合うことにより光パルスが形を変えずに長距離を伝搬する**光ソリトン**（optical soliton）現象や，光のスペクトルが極端に広がる**超広帯域光発生**（supercontinuum generation）などが生じる．

3.4.3　光カーシャッターと偏光測定

　光カー効果が起きているときには，上記3次の非線形感受率のテンソル成分間の関係から明らかなように，媒質の屈折率には異方性が生じる．すなわち等方的な媒質であっても，光カー効果により実効的に複屈折性を持つことになる．そこで，図3.5のように光カー媒質を偏光板（polarizer）などと組み合わせることで，光（励起光）が入射したときにだけ光（プローブ光）が通過できる装置をつくることができる．これを**光カーシャッター**（optical Kerr shutter）または**光カーゲート**（optical Kerr gate）という．励起光として超短光パルスを用いることで，1ピコ秒以下の時間だけ開くシャッターをつくることができ，超高速現象（ultrafast phenomena）の観測などに用いられる．また，一般に偏光を用いた測定法は感度が高いので，非線形光学媒質の光カー効果の大きさや，その時間応答の評価のためにも，光カーシャッター

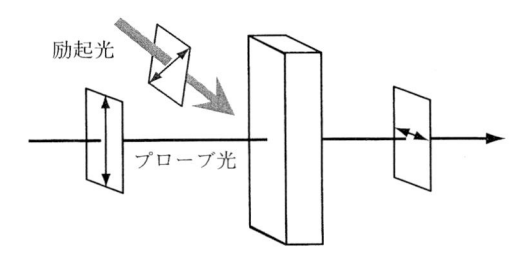

3.4 光カー効果

図 3.5 光カーシャッター

が用いられる．

いま，y 軸方向の偏光のみを透過させる偏光板と x 軸方向の偏光のみを透過させる偏光板で，光カー媒質を挟んで，そこにプローブ光を入射して光カー効果の測定をする場合を考える．入射するプローブ光の電場は，

$$E^{\mathrm{pr}}(\boldsymbol{r}, t) = \frac{1}{2} E_0^{\mathrm{pr}} \exp[i(\boldsymbol{k} \cdot \boldsymbol{r} - \omega t)] + \text{c.c.} \tag{3.41}$$

$$E_0^{\mathrm{pr}} = \begin{pmatrix} E_x^{(\omega)} \\ E_y^{(\omega)} \end{pmatrix} = \begin{pmatrix} 0 \\ E_0^{\mathrm{pr}} \end{pmatrix} \tag{3.42}$$

と表される．光カー効果を引き起こすために用いられる光（励起光）を，x 軸に対して $\pi/4$ の方向の直線偏光とすると，励起光の電場は，

$$E^{\mathrm{p}}(\boldsymbol{r}, t) = \frac{1}{2} E_0^{\mathrm{p}} \exp[i(\boldsymbol{k}' \cdot \boldsymbol{r} - \omega' t)] + \text{c.c.} \tag{3.43}$$

$$E_0^{\mathrm{p}} = \begin{pmatrix} E_x^{(\omega')} \\ E_y^{(\omega')} \end{pmatrix} = \frac{1}{\sqrt{2}} \begin{pmatrix} E_0^{\mathrm{p}} \\ E_0^{\mathrm{p}} \end{pmatrix} \tag{3.44}$$

のように表される．

また，3 次の非線形光学効果により生成される，角周波数 ω，波数ベクトル $\boldsymbol{k}$ の非線形分極を，

$$\boldsymbol{P}^{(3)}(\boldsymbol{r}, t) = \frac{1}{2} \boldsymbol{P}_0^{(3)} \exp[i(\boldsymbol{k} \cdot \boldsymbol{r} - \omega t)] + \text{c.c.} \tag{3.45}$$

$$P_0^{(3)} = \begin{pmatrix} P_x^{(\omega)} \\ P_y^{(\omega)} \end{pmatrix} \tag{3.46}$$

とすると，測定されるのは，このうち x 軸方向の分極成分により生成される電場のみである．(3.11) から x 成分の振幅は

$$\begin{aligned}
P_x^{(\omega)} &= \frac{3}{2}\varepsilon_0 \{\chi_{xyxy}^{(3)} E_y^{(\omega)} E_x^{(\omega')} [E_x^{(\omega')}]^* + \chi_{xyyx}^{(3)} E_y^{(\omega)} E_y^{(\omega')} [E_x^{(\omega')}]^* \} \\
&= \frac{3}{4}\varepsilon_0 (\chi_{xyxy}^{(3)} + \chi_{xyyx}^{(3)}) E_0^{\mathrm{pr}} |E_0^{\mathrm{p}}|^2 \\
&= \frac{3}{4}\varepsilon_0 (\chi_{xxxx}^{(3)} - \chi_{xxyy}^{(3)}) E_0^{\mathrm{pr}} |E_0^{\mathrm{p}}|^2
\end{aligned} \tag{3.47}$$

と求められる．ここで (3.35) の関係を用いた．なお，上の式の中の $\chi_{ijkl}^{(3)}$ は，周波数を明示して書けば $\chi_{ijkl}^{(3)}(\omega;\omega,\omega',-\omega')$ となる．この非線形分極は，位相整合条件を自動的に満たしており，発生する電場を伝搬方程式に従って求めると，

$$E_x^{(3)}(\boldsymbol{r},t) = \frac{1}{2}E_{\mathrm{sig}}\exp[i(\boldsymbol{k}\cdot\boldsymbol{r}-\omega t)] + \mathrm{c.c.} \tag{3.48}$$

$$E_{\mathrm{sig}} = \frac{iZ_0\omega}{2n(\omega)}P_x^{(\omega)}L = \frac{3i\omega L}{8cn(\omega)}(\chi_{xxxx}^{(3)} - \chi_{xxyy}^{(3)})E_0^{\mathrm{pr}}|E_0^{\mathrm{p}}|^2 \tag{3.49}$$

となる．ただしここで，光カー媒質の長さを L，線形な屈折率を $n(\omega)$ とし，吸収と端面での反射は無視した．Z_0 は真空のインピーダンスである．

上で $\chi_{xxxx}^{(3)}$, $\chi_{xxyy}^{(3)}$ が実数だとすると，(3.29)，(3.31) より，励起光の電場方向の屈折率変化が

$$\Delta n_{\parallel} = \frac{3}{4n(\omega)}\mathrm{Re}\,(\chi_{xxxx}^{(3)})|E_0^{\mathrm{p}}|^2 \tag{3.50}$$

となり，垂直方向の屈折率変化が

$$\Delta n_{\perp} = \frac{3}{4n(\omega)}\mathrm{Re}\,(\chi_{xxyy}^{(3)})|E_0^{\mathrm{p}}|^2 \tag{3.51}$$

と表されるから，両者の差

3.4 光カー効果

$$\Delta n \equiv \Delta n_\parallel - \Delta n_\perp \tag{3.52}$$

を用いて，(3.49) は，

$$E_{\text{sig}} = \frac{i\omega L}{2c} \Delta n \, E_0^{\text{pr}} \tag{3.53}$$

と表すこともできる．

(3.52) のような，複屈折性を持つ媒質を透過する光の偏光状態をジョーンズベクトルを用いて解析すると，

$$R\left(\frac{\pi}{4}\right)\begin{pmatrix} \exp\left(\frac{i\Delta\phi}{2}\right) & 0 \\ 0 & \exp\left(-\frac{i\Delta\phi}{2}\right) \end{pmatrix} R\left(-\frac{\pi}{4}\right)\begin{pmatrix} 0 \\ E_0^{\text{pr}} \end{pmatrix} = E_0^{\text{pr}}\begin{pmatrix} i\sin\frac{\Delta\phi}{2} \\ \cos\frac{\Delta\phi}{2} \end{pmatrix} \tag{3.54}$$

であり，$\Delta\phi$ は

$$\Delta\phi = \frac{\Delta n \, L \omega}{c} \tag{3.55}$$

と表されるので

$$E_{\text{sig}} = iE_0^{\text{pr}} \sin\left(\frac{\Delta n \, L \omega}{2c}\right) \tag{3.56}$$

が得られる．この結果からも，3次の非線形分極を用いた考察が，複屈折性による位相差 $\Delta\phi$ が小さい場合の近似として，正しいことが確かめられる．なお，ジョーンズベクトルについては，付録Cを参照してほしい．

また，信号として検出される光強度 I_{sig} は，$|E_{\text{sig}}|^2$ に比例するので，(3.49) より，

$$I_{\text{sig}} = \frac{n}{2Z_0}|E_{\text{sig}}|^2 \propto \left|\chi_{xxxx}^{(3)} - \chi_{xxyy}^{(3)}\right|^2 (I^{\text{p}})^2 I^{\text{pr}} \tag{3.57}$$

のように，非線形感受率の絶対値の2乗と励起光強度の2乗に比例し，さらにプローブ光強度に比例する．

一般に，直交した偏光板を用いた場合のように，非線形分極がないときに信号光強度がゼロになるタイプの現象を用いた測定では，非線形感受率に比例した電場が発生し，したがって測定される光強度は，非線形感受率の絶対値の2乗に比例することになる．上の式に現れる非線形感受率に虚部が存在する場合，それは非線形光学効果により生じる吸収係数の異方性を表すが，それも信号に寄与することになる．

3.4.4 光学的ヘテロダイン検出

光カーシャッターのように偏光を用いた測定では，非線形分極が存在しないときに信号光が発生しない，すなわちバックグラウンドが存在しない測定が可能なので，一般に高い感度が得られる．しかし，これを $\chi^{(3)}$ や，励起光強度の測定法として考えたとき，前項で述べたように信号強度がそれらの2乗に比例することが問題となることもある．

光学的ヘテロダイン検出（OHD；optical heterodyne detection）法では，信号光の電場 E_sig に，信号光と位相関係の定まった光電場 E_LO を合わせた光の強度を測定する．この新たに加える光を局部発振（local oscillator）光という．信号光に局部発振光を加えた光の強度は

$$I_\text{sig} = \frac{n}{2Z_0}|E_\text{sig}+E_\text{LO}|^2 \propto |E_\text{sig}|^2 + \{E_\text{sig}E_\text{LO}^* + \text{c.c.}\} + |E_\text{LO}|^2 \quad (3.58)$$

となる．信号光に比べて局所発振光が十分強くなるようにすると，

$$|E_\text{LO}| \gg |E_\text{sig}| \quad (3.59)$$

となり，(3.58) の右辺のうち $|E_\text{sig}|^2$ の項は無視できる．この項は，局部発振光を加えないときの信号光強度を表す．E_sig を周期的に変化させるような変調（例えば励起光を周期的にオン・オフすればよい）を加え，その変調に同期した信号変化のみをロックイン増幅器などで検出すれば，$|E_\text{LO}|^2$ の項の寄与が除去されて，信号光の電場 $|E_\text{sig}|$ に比例する信号成分

$$\{E_\text{sig}E_\text{LO}^* + \text{c.c.}\} = 2\,\text{Re}\{E_\text{sig}E_\text{LO}^*\} \quad (3.60)$$

3.4 光カー効果

のみが検出される．この信号成分は，上で無視した局部発振光を加えないときの信号光強度よりも大きく，また信号光電場のうち局所発振光の電場と同じ位相を持つ電場成分のみを取り出すはたらきをしていることにも注意してほしい．したがって，光学的ヘテロダイン検出では，高い感度で，信号光の特定の位相成分だけを取り出して検出することができる．

光学的ヘテロダイン検出法によって光カー効果の測定（OHD-OKE）を行う場合に，局部発振光の位相をどのようにしなければならないかを考えてみよう．光カー効果では非線形感受率が実数であり，その結果，信号電場

$$E_{\text{sig}} = \frac{3i\omega L}{8c\, n(\omega)}(\chi^{(3)}_{xxxx} - \chi^{(3)}_{xxyy})E_0^{\text{pr}}|E_0^{\text{p}}|^2 \propto i(\chi^{(3)}_{xxxx} - \chi^{(3)}_{xxyy})E_0^{\text{pr}} \qquad (3.61)$$

の位相がプローブ光と $\pi/2$ ずれているので，プローブ光に対して $\pi/2$ 位相のずれた局部発振光を，4分の波長板などを用いて用意する必要がある．その具体的な方法について考えてみよう．

図3.6のような光学配置を用いた測定を考える．4分の波長板を用いて $\pi/2$ 位相のずれた光を用意しても，その光がその後に置かれた偏光板を透過しなければ，ヘテロダイン検出にならない．そこで，偏光板を少し回転させることでプローブ光が少しだけ透過するようにすれば，その透過したプローブ光電場が局部発振光としてはたらくことになる．ここでは，光学的ヘテロ

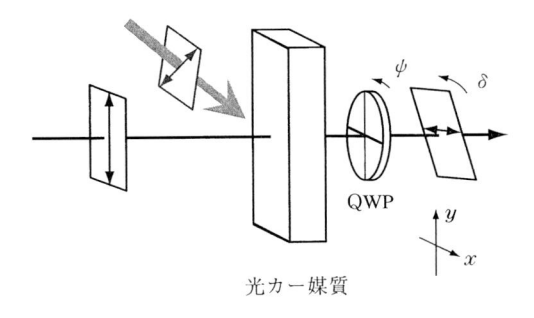

図 3.6 光学的ヘテロダイン検出法による光カー効果の測定．QWP は4分の波長板．

ダイン検出を実現するためのより一般的な条件を求めるために，x 軸が速軸の 4 分の波長板を角度 ϕ，偏光板を角度 δ だけ回転させた場合を考えよう．このとき測定される信号光強度は以下のようにして計算できる．

光カー媒質を透過した信号光のジョーンズベクトルを簡単のため

$$E_{\rm sig} = \begin{pmatrix} i\Delta \\ E_0 \end{pmatrix} \tag{3.62}$$

とおく．ここで，

$$\left. \begin{array}{l} \Delta = \dfrac{3\omega L}{8c\,n(\omega)}\,(\chi^{(3)}_{xxxx} - \chi^{(3)}_{xxyy})E_0^{\rm pr}|E_0^{\rm p}|^2 \\ E_0 = E_0^{\rm pr} \end{array} \right\} \tag{3.63}$$

である．偏光板の位置での光のジョーンズベクトルは，偏光板の軸に対して，

$$E_{\rm det} = R(\delta - \phi)\begin{pmatrix} -i & 0 \\ 0 & 1 \end{pmatrix}R(\phi)\begin{pmatrix} i\Delta \\ E_0 \end{pmatrix} \tag{3.64}$$

と表される．これを

$$E_{\rm det} \equiv \begin{pmatrix} E_x \\ E_y \end{pmatrix} \tag{3.65}$$

とおいてその成分を計算すると，それぞれ

$$\begin{aligned} E_x = {}& \Delta[\cos\phi\cos(\delta-\phi) - i\sin\phi\sin(\delta-\phi)] \\ & + E_0[\cos\phi\sin(\delta-\phi) - i\sin\phi\cos(\delta-\phi)] \end{aligned} \tag{3.66}$$

$$\begin{aligned} E_y = {}& -\Delta[\cos\phi\sin(\delta-\phi) + i\sin\phi\cos(\delta-\phi)] \\ & + E_0[\cos\phi\cos(\delta-\phi) + i\sin\phi\sin(\delta-\phi)] \end{aligned} \tag{3.67}$$

となる．このうちの x 成分の光強度を検出する．x 成分における信号電場からの寄与と局部発振電場からの寄与が同位相になるようにすれば，非線形感受率の虚部の影響を受けない測定ができる．光カー効果では E_0 と Δ はどちらも実数であるから，この条件は，上の表式における E_x と Δ にかかる係数の

位相が等しいということと同じであり，式

$$\cos\phi\cos(\delta-\phi)\cdot\sin\phi\cos(\delta-\phi) = \sin\phi\sin(\delta-\phi)\cdot\cos\phi\sin(\delta-\phi) \tag{3.68}$$

で表される．この条件は，$\phi = 0, \pi/2$ または $\delta - \phi = \pm\pi/4$ のときに満足される．

さて，$\phi = 0$ の場合，上の式は，

$$E_{\text{det}} = \begin{pmatrix} \Delta\cos\delta + E_0\sin\delta \\ -\Delta\sin\delta + E_0\cos\delta \end{pmatrix} \tag{3.69}$$

となり，ヘテロダイン検出が実現されることがわかる．δ の関数として，x 成分の光強度 I_x，y 成分の光強度 I_y と，I_x における信号電場と局部発振電場との交差項 $E_0\sin\delta\cdot\Delta\cos\delta$ によって表される信号強度をプロットしたものを図 3.7 に示した．多くの実験条件では，信号強度の x 成分の光強度に対する比が大きいときに信号雑音比が大きくなるので，比較的小さな δ の値がふ

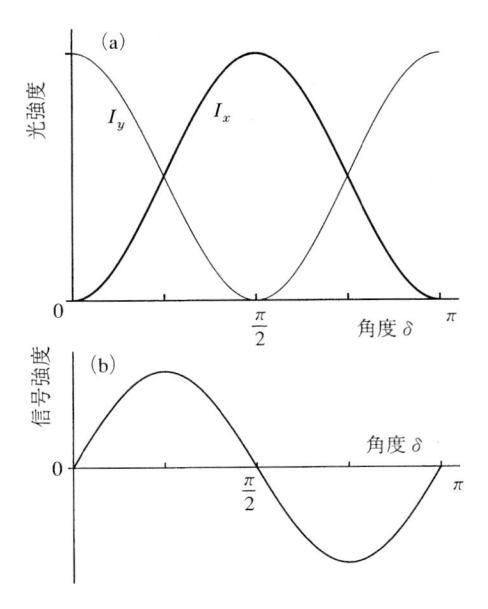

図 3.7 図 3.6 の配置の光カー効果の測定で $\phi = 0$ の場合の，x 成分の光強度 I_x，y 成分の光強度 I_y（どちらも信号電場がゼロの場合）を (a) に，信号強度 $E_0\sin\delta\cdot\Delta\cos\delta$ を (b) に，それぞれ δ の関数として示した．

さわしいことがわかる．それに対し，$\delta = \pi/4$ とすると，信号強度が最大になる．プローブ光の強度が十分に安定している場合は，この条件が最適である．また，この場合，図からわかるように，x 軸成分と y 軸成分の光強度が，信号光がないときにちょうどバランスしており，またそれぞれの成分における交差項の符合をちょうど逆転したものになっている．したがって，x 軸成分と y 軸成分の光強度の差を直接測定する，バランス検出 (balanced detection) 法を用いると，プローブ光のゆらぎによる雑音を抑えながら最大の信号強度を得ることができる．$\delta - \varphi = \pm \pi/4$ の場合にも，同様の条件が成り立つので，例えば，($\delta = 0$, $\varphi = \pi/4$) や ($\delta = \pi/2$, $\varphi = \pi/4$) の組み合わせによるバランス検出も可能である．

光学的ヘテロダイン検出やバランス検出については，2.10.5項，4.7節の記述も参照してほしい．

3.4.5 熱的非線形性

媒質がわずかながらも光を吸収するとき，吸収された光のエネルギーにより，最終的に媒質の温度が上昇する．一般的に物質の屈折率は温度に依存するので，温度上昇の結果，媒質の屈折率が変化することとなる．屈折率変化の大きさは，（吸収が線形な場合には）光強度に比例するので，この現象は見かけ上，3次の非線形光学過程の一種である非線形屈折率と見なすことができる．そのように考えたとき，これを熱的非線形性という．一般に，媒質の温度が ΔT だけ変化したときの屈折率は，

$$n = n_0 + \left(\frac{dn}{dT}\right)\Delta T \tag{3.70}$$

のように表せる．

ここに現れる dn/dT は，気体では常に負であり，液体や固体では，正にも負にもなりうる．

熱的非線形性による屈折率変化には異方性がないことと，時間応答が遅い

(数十ピコ秒からナノ秒程度)ことが,通常の光カー効果との相違であり,偏光測定にはかからないが,カーレンズ効果や過渡的回折格子の現象には,光カー効果と同様な寄与を持つ.熱的非線形性によるカーレンズ効果は,**熱レンズ**(thermal lens)効果と呼ばれており,光吸収の高感度の検出法として用いられる他,高強度のレーザー光のために用いられる光学素子においては,悪影響を及ぼすことがある.

3.5 吸収飽和

光を吸収する媒質に,強い光を入射すると,弱い光を入射したときと比べて吸収される光の割合が減少することがある.このような現象を**吸収飽和**(absorption saturation)という.また,顕著に吸収飽和を示す媒質を**可飽和吸収体**という.

いま図3.8のように,準位1(下準位)と準位2(上準位)から成る2準位系の物質を考え,各準位にある系の数を N_1, N_2 とし,系の総数を $N = N_1 + N_2$ とする.準位2からは,自然放出などによって時定数 T_1 で準位1へと緩和が起きているとする.つまり,光などとの相互作用を考慮しない場合に,

$$\frac{dN_2(t)}{dt} = -\frac{N_2(t)}{T_1} \tag{3.71}$$

$$\frac{dN_1(t)}{dt} = \frac{N_2(t)}{T_1} \tag{3.72}$$

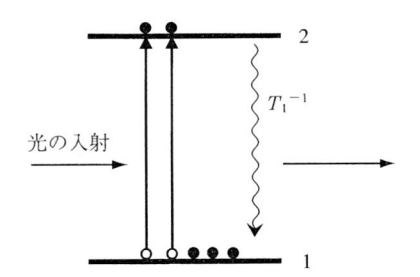

図3.8 吸収飽和のエネルギー準位図

が成り立つとする．そこにこの系と共鳴する光が入射するものとし，その強度を I とする．この光による吸収および誘導放出の遷移速度が等しく，光の強度 I に比例するとすれば，その遷移速度を aI とおいて，各準位の占有数の時間変化は

$$\frac{dN_2(t)}{dt} = -\frac{N_2(t)}{T_1} - aI[N_2(t) - N_1(t)] \tag{3.73}$$

$$\frac{dN_1(t)}{dt} = \frac{N_2(t)}{T_1} + aI[N_2(t) - N_1(t)] \tag{3.74}$$

のように表せる．光強度 I が時間的に一定だとしてこれを解くと，定常状態の解として

$$N_1 - N_2 = \frac{1}{1 + 2aT_1I}N \tag{3.75}$$

が得られる．この系による光の吸収の強さは $N_1 - N_2$ に比例するので，吸収は光強度が増加するに従って減少する，すなわち吸収飽和が起きる．その原因は，強い光によって上準位に多くの系が移り，また下準位の系が減少したことにある．系の吸収係数を光強度の関数として

$$\alpha(I) = \frac{\alpha_0}{1 + I/I_S} \tag{3.76}$$

の形に表したとき，I_S を**飽和強度** (saturation intesity) という．この式を光強度で展開して最低次まで取れば，

$$\alpha(I) = \alpha_0\left(1 - \frac{I}{I_S}\right) \tag{3.77}$$

となるので，吸収飽和は (最低次で) 3 次の非線形光学効果の一例であることがわかる．

(3.21) および

$$\mathrm{Im}(\chi) = \frac{nc}{\omega}\alpha \tag{3.78}$$

の関係を用いると，3次の非線形感受率の虚部は飽和強度と

$$\mathrm{Im}\left(\chi^{(3)}\right) = -\frac{2\varepsilon_0 c^2 n^2 \alpha}{3\omega I_\mathrm{S}} \tag{3.79}$$

の関係にあることがわかる．

3.6 2光子吸収

　物質に角周波数 ω の光が入射したとき，図 3.9 のように光子二つ分のエネルギー $2\hbar\omega$ を一度に物質が得て，高いエネルギー準位に遷移する現象がある．この過程を**2光子吸収** (two-photon absorption) という．それに対して，$\hbar\omega$ だけのエネルギーを得る遷移は，1光子吸収 (one-photon absorption) と呼ばれる．2光子吸収過程

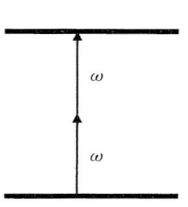

図 3.9　2 光子吸収

の遷移の確率は光強度の2乗に比例するので，この現象は光の強度が高い場合にのみ顕著に生じる．入射光の光子エネルギーが，固体のバンドギャップより低い場合や，分子の HOMO-LUMO（最高占有分子軌道；highest ocupied molecular orbital-最低非占有分子軌道；lowest unocupied molecular orbital）遷移エネルギーより低い場合，1光子では遷移できないので，これらの物質はほぼ透明であるが，2光子遷移が可能であれば入射光の強度を高くすると吸収が生じ，その吸収係数 α は光強度 I に比例する．すなわち，

$$\alpha = \beta I \tag{3.80}$$

のようになる．ここで β は**2光子吸収係数**と呼ばれる．2光子吸収係数は，3次の非線形感受率の虚部 $\mathrm{Im}\left(\chi^{(3)}\right)$ と

$$\mathrm{Im}\left(\chi^{(3)}\right) = \frac{2\varepsilon_0 c^2 n^2 \beta}{3\omega} \tag{3.81}$$

のように関係づけられる．

　2光子吸収は，ピーク強度の高い超短光パルスにおいて特に顕著であるの

で，フェムト秒レーザー光を用いた **2 光子励起顕微鏡**（two-photon excitation microscope）に用いられる．2 光子励起顕微鏡では，2 光子吸収により物質内に生じた励起状態からの発光を検出する．

一般に光子二つ以上を同時に用いて初めて物質を励起できる場合，その過程を **多光子吸収**（multiphoton absorption），**多光子励起**（multiphoton excitation）という．また，多光子励起により物質にエネルギーが与えられた結果，蛍光，イオン化，光電子放出，光電流，異性化などが起きることがあり，それぞれ，多光子蛍光（multiphoton fluorescence），多光子イオン化（multiphoton ionization）などと呼ばれる．多光子吸収は，透明物質の光学損傷（optical damage）の初期過程としても重要である．

3.7　過渡的回折格子

入射方向の異なる 2 本の光ビームが媒質に入射すると，媒質中で生じた干渉縞により，光強度が空間的に周期的に変調される．その媒質が 3 次の非線形光学効果を有すると，光強度に応じて媒質の感受率が変化するので，媒質の感受率が位置に対して周期的な変調を受けることになる．これが一種の回折格子として作用し，図 3.10 のように入射光が回折される現象が起きる．例えば，周波数が等しく，波数ベクトルが k_1 と k_2 の 2 本の光ビームが入射したとき，媒質内に k_1-k_2 の波数ベクトルを持つ回折格子が生成され，それにより入射光 k_1 が $2k_1-k_2$ の方向に，入射光 k_2 が $2k_2-k_1$ の方向に，それぞれ回折される．このような現象を，**過渡的回折格子**（transient grating）という．

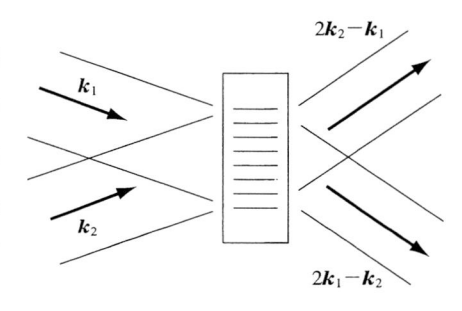

図 3.10　過渡的回折格子による入射光の回折

過渡的回折格子による回折の効率は，関係する $\chi^{(3)}$ の絶対値の2乗に比例する．したがって，媒質が光強度に比例して屈折率が変化する性質（$\chi^{(3)}$ の実部）と，光強度に比例して吸収係数が変化する性質（$\chi^{(3)}$ の虚部）を持てば，それらの両方が回折に寄与する．

回折格子を生成するために用いられるビーム対とは別に，図3.11のように，3本目のビームを用いることで，このビームの回折を観測することもできる．この場合，3本目のビームは，回折格子を生成するビーム対とは異なる波長の光でも構わない．また，光パルスを用いると，過渡的回折格子による光の回折効率の時間変化を観測することができる．この場合，光パルス対を同時に入射して回折格子を生成し，3番目の光パルスを時間的に遅らせて入射する．そうすることで，過渡的回折格子が生成されてから，いくらか時間が経過した時点での回折格子の振幅を計測することができる．すなわち，時間幅の十分短い光パルスを用いれば，光によって誘起された屈折率変化や吸収係数変化の時間応答を，この方法で観測することができる．この測定法では，励起パルス対を照射しないときには回折光が発生しないので，バックグラウンドのない高感度の測定が可能である．

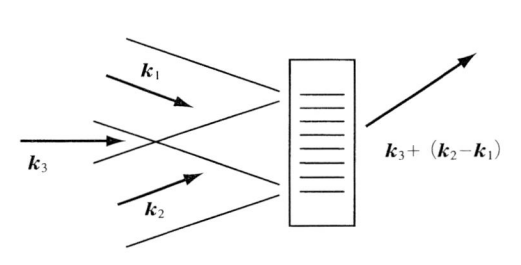

図 3.11 3ビームを用いた過渡的回折格子による回折

3.8 フォトリフラクティブ効果

フォトリフラクティブ効果（photorefractive effect）とは，物質が光を吸収し物質内にキャリアが生成されることにより，媒質内に電場が発生し，その媒質の持つ電気光学効果を介して，屈折率変化が生じる現象である．通常の

3. 3次の非線形光学効果

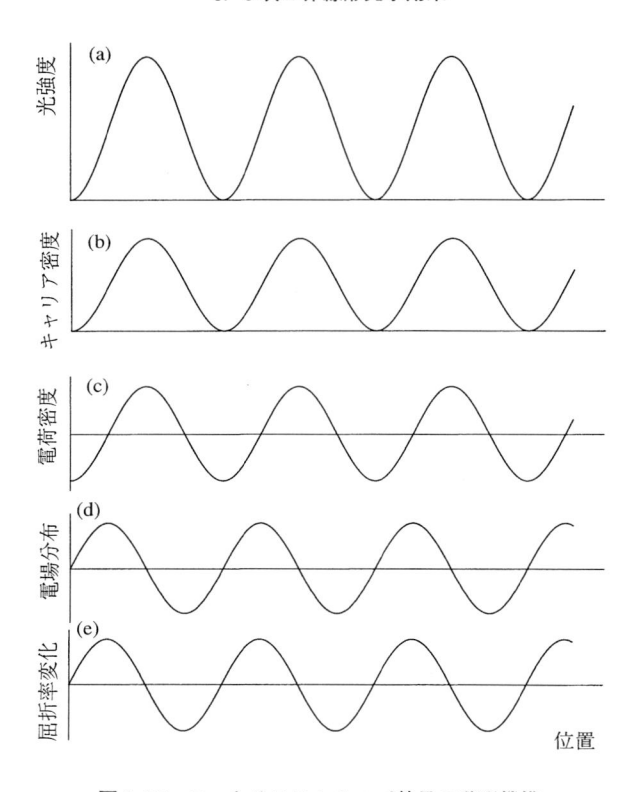

図 3.12 フォトリフラクティブ効果の発現機構

縦軸: (a) 光強度, (b) キャリア密度, (c) 電荷密度, (d) 電場分布, (e) 屈折率変化
横軸: 位置

非線形光学効果と異なり，この現象は非線形感受率では表せないが，過渡的回折格子やそれに基づく位相共役波発生などを引き起こすので，非線形光学効果の一種として扱われる．ここでも簡単に説明することにする．

フォトリフラクティブ効果を示す媒質に，2方向から同じ波長の光を同時に入射すると，図 3.12 (a) のように，干渉により光強度が周期的に変化する．その光の吸収により媒質内にキャリアがつくられ，それが拡散などにより移動することによって電荷密度に分布ができる．そうすると，電荷密度の差に応じて電場が発生するので，媒質の電気光学効果によって屈折率が変化する．詳細な発現機構は物質ごとにさまざまであるが，フォトリフラクティブ効果

は，一般に以下のような特徴を持つ．(ⅰ)フォトリフラクティブ効果により，誘起される屈折率変化量は，入射光強度の絶対値には依存せず，光強度の空間的変調度によって決まる．(ⅱ)比較的低強度の光でも，大きな屈折率変化を生じる．(ⅲ)誘起された屈折率変化は，光照射を止めた後も保存される．(ⅳ)誘起された屈折率変化は，新たな光照射により消失する．

　フォトリフラクティブ効果によって生成された屈折率分布は，過渡的回折格子としてはたらき入射光を回折させる．ただし，通常の$\chi^{(3)}$による過渡的回折格子と比較して，回折格子の位相が$\pi/2$ずれている点がフォトリフラクティブ効果の特徴である．

3.9　位相共役波発生

　いま，図3.13のように，角周波数がすべて同一のωで，波数ベクトルが異なる3本の光ビーム

$$E_1(\boldsymbol{r},t) = \frac{1}{2}E_1 \exp[i(\boldsymbol{k}_1 \cdot \boldsymbol{r} - \omega t)] + \text{c.c.} \tag{3.82}$$

$$E_2(\boldsymbol{r},t) = \frac{1}{2}E_2 \exp[i(\boldsymbol{k}_2 \cdot \boldsymbol{r} - \omega t)] + \text{c.c.} \tag{3.83}$$

$$E_3(\boldsymbol{r},t) = \frac{1}{2}E_3 \exp[i(\boldsymbol{k}_3 \cdot \boldsymbol{r} - \omega t)] + \text{c.c.} \tag{3.84}$$

が3次の非線形光学媒質に入射しているとする．すると，縮退4光波混合に

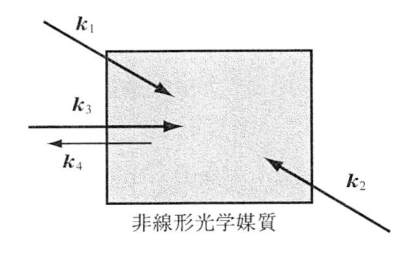

図3.13　縮退4光波混合による位相共役波発生のための3ビームの配置

より，$k_1 + k_2 - k_3$ の波数ベクトルを持つ 3 次の非線形分極

$$P^{(3)}(\boldsymbol{r},t) = \frac{1}{2} \cdot \frac{6}{4} \varepsilon_0 \chi^{(3)} E_1 E_2 E_3^* \exp\{i[(\boldsymbol{k}_1 + \boldsymbol{k}_2 - \boldsymbol{k}_3) \cdot \boldsymbol{r} - (\omega + \omega - \omega)t]\} + \text{c.c.} \tag{3.85}$$

が媒質内に発生する．いま，図 3.13 に示されるように，$k_2 = -k_1$ であったとすると，上の式は，

$$P^{(3)}(\boldsymbol{r},t) = \frac{3}{4} \varepsilon_0 \chi^{(3)} E_1 E_2 E_3^* \exp[i(-\boldsymbol{k}_3 \cdot \boldsymbol{r} - \omega t)] + \text{c.c.} \tag{3.86}$$

となり，この非線形分極により，第 3 の入射ビームに対して逆方向に進行する光が放射される．この式で，E_1 と E_2 を定数とすると，非線形分極は (3.84) に対して，空間的な依存性が複素共役の関係になっている．このような光を**位相共役波** (phase conjugated wave) といい，そのような光の発生を**位相共役波発生** (optical phase conjugation) という．

位相共役波 $E_{\text{pc}}(\boldsymbol{r},t)$ は，元の光 $E_3(\boldsymbol{r},t)$ に対して

$$E_{\text{pc}}(\boldsymbol{r},t) \propto E_3(-\boldsymbol{r},t) \tag{3.87}$$

の関係にあるが，物理的な電場はこの実部，すなわち

$$\frac{1}{2} E_{\text{pc}}(\boldsymbol{r},t) + \text{c.c.} \tag{3.88}$$

であることを考慮すると，

$$E_{\text{pc}}(\boldsymbol{r},t) \propto E_3(\boldsymbol{r},-t) \tag{3.89}$$

とも表せる．これは，位相共役波により**時間反転**が実現していることを意味している．すなわち，位相共役波は元の光が来た道を，ちょうど逆方向に進行する．したがって，位相共役波発生媒質は一種の鏡としてはたらくのであるが，位相共役鏡は普通の鏡とは異なり，図 3.14 のように**波面補正**の機能を持つ．

いま，図のように，左から波面の揃った光が入射した場合を考えよう．その光が媒質を透過した際，何らかの原因で位相に乱れが生じたとする．普通

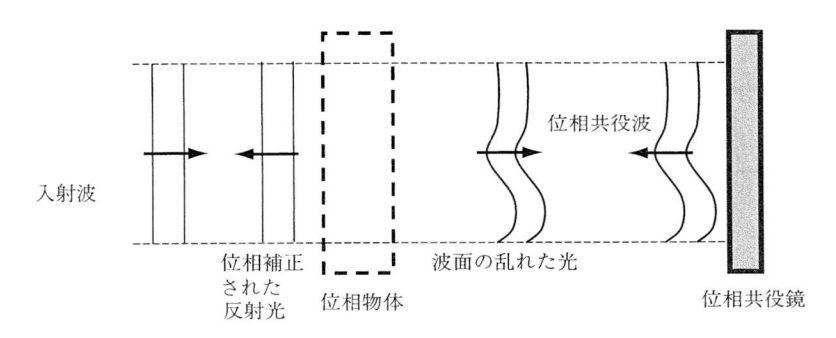

図 3.14 位相共役波発生と位相補正

の鏡を用いてその光を反射しても，位相の乱れをなくすことはできない．しかし，位相共役鏡でこの光を反射すると，位相の乱れがちょうど逆転した光が位相共役鏡から戻ってくる．この光が，位相に乱れをつくった媒質を透過すると，ちょうどその乱れが帳消しになり，位相の揃った光として出てくる．すなわち，位相の乱れが補正されたことになる．このような作用は，実際にレーザーなどに用いられている．

3.10 z-スキャン

　非線形屈折率の測定に用いられるz-スキャン（z-scan）法について簡単に説明する．

　z-スキャン法では，図 3.15 のように，集光したレーザー光を試料に照射し，試料を透過した光のうち，ビームの中央部に位置した絞りを透過した光の強度を測定する．試料は，集光点付近で光の進行方向（z方向）に位置をスキャンし，測定される光強度の変化を観測する．試料の屈折率が光強度に依存して変化する場合，試料にはカーレンズ効果が生じるため，非線形屈折率が正であれば試料は凸レンズとして作用する．zが正のとき，すなわち試料が集光点より検出器側にある場合，広がりつつある照射光の伝搬の仕方は，

126   3. 3次の非線形光学効果

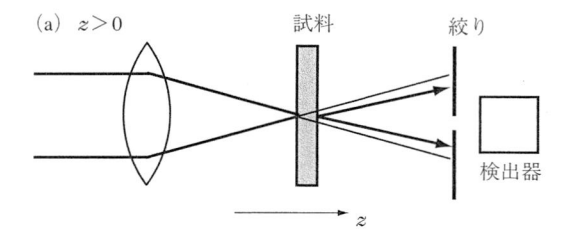

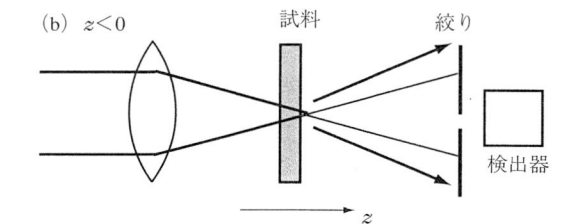

(a) $z > 0$

試料　絞り

検出器

z

(b) $z < 0$

試料　絞り

検出器

z

図 3.15　z-スキャンの測定系

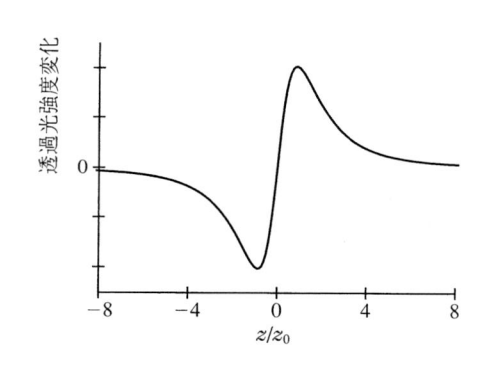

図 3.16　非線形屈折率が正の場合の z-スキャン測定の結果．照射光をガウスビームとし，試料が十分に薄いとしたときの計算例．z_0 はビームのレイリー長を表す．

凸レンズの作用により集光される方向に変化し，その結果，検出される光強度は増加する．z が負の場合は照射光は集光しつつあるので，凸レンズの効果により，より強く集光され，その後より広がるため検出される光強度は減少する．以上により，試料の位置をスキャンしたときに観測される光強度変化は，図 3.16 のようになる．非線形屈折率が負であれば，カーレンズ効果の作用は凹レンズとしてはたらくので，上に述べたこととは正負が逆の信号が観測される．したがって，測定結果から，非線形屈折率の大きさがわかるだ

けではなく正負も判定できる.

　3次の非線形感受率に虚部が存在する場合,試料の位置のスキャンにより試料における光強度が変化し,その結果,試料を透過する光強度が変化する.その効果が z-スキャンの測定結果に影響を与える.そのような場合は,絞りを開き,試料を透過した光の全出力を検出すれば,非線形感受率の虚部すなわち光強度に依存する吸収係数の効果のみを検出することができる.したがって,z-スキャン法では,絞りを小さくした測定と開いた測定を組み合わせて用いることにより,3次の非線形感受率の実部と虚部の両方を,正負も含めて測定することができる.

　この測定法の詳しい解析は,本章の参考文献 [3] に記述されているので参照してほしい.

光パルスと非線形光学

　非線形光学現象を効率よく引き起こすためには,高い光強度が必要である.そのために,レーザー光を集光したり,レーザー共振器内の光を用いたりする.そして,もう一つ,高い光強度を得るために有効な方法は,光パルスを用いることである.レーザーから得られる光の平均的な出力(単位時間当りのエネルギー)は,レーザー装置の規模によっておおよそ決まってしまう.その制限のなかで高い光強度を得るためには,連続波の光を用いるのではなく光をパルスにすることで,光のエネルギーを短い時間に集中することが効果的である.実際,多くの非線形光学現象は,光パルスを用いて実現されている.

　光パルスの時間幅が短ければ短いほど,瞬間的な光出力が高くなるので,非線形光学効果が顕著に生じることになる.最近では,100 フェムト秒 (100×10^{-15} s) 程度の時間幅の光パルスを発生できるレーザーが,かなり容易に手に入るようになっている.そのような超短光パルスを用いることで,2光子蛍光顕微鏡や高精度のレーザー加工など,新しい用途が拓けている.

超短光パルスは，その時間幅の逆数程度のスペクトルの広がりを持っている．つまり，いろいろな周波数の電場の成分を足し合わせることで，短い波束をつくり出しているのである．そのような光によって引き起こされる非線形光学現象には，単色光のみによって得られる現象とは本質的に異なる，新規な現象が多々ある．いくつかの例を挙げてみよう．

　フェムト秒光パルスを非線形光学媒質に集光したり，光ファイバーを透過させたりすることでフェムト秒超広帯域光（supercontinuum）が発生することが知られている．光ファイバー中で，非線形光学効果と分散の効果がつり合うことにより，光パルスが形を変えずに伝わる現象は，光ソリトン（optical soliton）として知られている．光パルスが，媒質の非線形性により自分自身の位相に影響を与える自己位相変調（self-phase modulation）や，光整流によるテラヘルツ波発生も重要な例である．また，光パルス自体のパルス幅などを測定するためには，第2高調波発生やその他の非線形光学効果を用いた測定が欠かせない．

　これらの現象を理論的にきちんと記述するためには，数学的な準備が必要なので，本書では，あえて真正面からは取り上げないことにした．しかし，それらの多彩な現象のうちのいくつかについては，ところどころで簡単に言及した．

参考文献

［1］ R.W. Boyd：*Nonlinear Optics*, 3rd ed.(Academic Press, Lodon, 2008).

［2］ R.W. Hellwarth：Progr. Quant. Electr. **5** (1977) 1.

［3］ M. Sheik-Bahae, A.A. Said, T.-H. Weid, D.J. Hagan, and E.W. Van Stryland：IEEE J. QE **26** (1990) 760.

章末問題

xy 面内の回転に対して不変である媒質において,$\chi^{(3)}_{xxxx} = \chi^{(3)}_{xxyy} + \chi^{(3)}_{xyyx} + \chi^{(3)}_{xyxy}$ が成り立つことを示せ.任意の角度 θ だけ座標軸を回転したときの3次の非線形分極の表式を求めることによって示してみよ.

第 4 章

誘導ラマン散乱

　誘導ラマン散乱は，主として3次の非線形光学効果に分類されるが，一連の多彩な現象に関連しており，大変豊かな内容を含んでいるので，章を分けて説明する．なお，関連する現象に，音響フォノンによって引き起こされる誘導ブリユアン散乱（stimulated Brillouin scattering）があるが，これについては，紙数が限られていることから記述を省略する．

4.1 線形ラマン散乱

　非線形光学現象である誘導ラマン散乱について述べる前に，線形なラマン散乱について簡単に説明しよう．

　透明な媒質に単色光を入射すると，そのまま透過してくる光以外に，弱い散乱光が観測される．そのうち，入射光と同じ周波数の光は**レイリー散乱**（Rayleigh scattering）と呼ばれる．他に周波数の異なる散乱光も観測される．それらは，それぞれの媒質に特有な周波数だけ入射光の周波数からシフトしており，入射光に対して低周波数側と高周波数側に同じ周波数だけシフトした位置に現れる．低周波数側を**ストークス**（Stokes）側といい，高周波数側を**反ストークス**（anti-Stokes）側という．周波数のシフトを伴う光散乱

は，その原因によって区別される．
スペクトル上でレイリー散乱のすそとして観測される**レイリー-ウィング散乱**（Rayleigh-wing scattering）は，媒質の誘電率の時間的なゆらぎによって生じる．また，媒質の音響フォノンによる散乱光が，10GHz 程度の小さい周波数シフトの位置に観測される．これを**ブリユアン散乱**（Brillouin scattering）という．さらに大きな周波数シフトの位置に観測される散乱光は，主に媒質の分子振動や格子振動による散乱であり，これを**ラマン散乱**（Raman scattering）という．

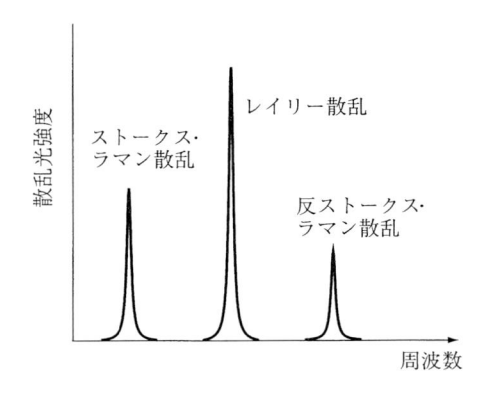

図 4.1 レイリー散乱とラマン散乱

図 4.1 に示すように，低周波数側が**ストークス・ラマン散乱**（Stoke Raman scattering），高周波数側が**反ストークス・ラマン散乱**（anti-Stoke Raman scattering）である．通常のラマン散乱は線形な光学現象であり，以下に述べるコヒーレント・ラマン散乱と区別して，**自然放出ラマン散乱**（spontaneous Raman scattering）とも呼ばれる．

ラマン散乱は，その分子振動によって分子の分極率（固体の格子振動の場合は，媒質の感受率）が変化することによって生じる．以下にそれを簡単に説明する．

分子に光を照射したとき，分子に生じる電気双極子モーメント（electric dipole moment）を $\bm{p}$ とする．媒質中に生じる分極 P は，分子の密度を N とすれば分子同士の相互作用が十分弱いときには，

$$P = N\bm{p} \tag{4.1}$$

で与えられる．$\bm{p}$ は，光が弱いときには光電場 $\bm{E}$ に比例する．その比例係数 α を分子の**分極率**（polarizability）という．分極率は 2 階のテンソルであり，

$$p_i = \sum_j \alpha_{ij} E_j \qquad (4.2)$$

と表される.

(4.1) と (4.2) より,巨視的な分極 P の各座標成分は

$$P_i = N \sum_j \alpha_{ij} E_j \qquad (4.3)$$

と表される.あるいは媒質の感受率を分子の分極率で表すと,

$$\varepsilon_0 \chi_{ij} = N \alpha_{ij} \qquad (4.4)$$

となる.

いま,分子の一つの**基準振動モード** (normal mode) について考える.この基準振動を,調和振動と見なすと,そのエネルギーは基準座標 q に対して,q が小さい範囲では図 4.2 のように放物線で表される.ポテンシャル曲線のうちの安定点の座標を $q = 0$ としておこう.また,振動モードの固有角周波数を ω_v とする.

分極率が基準座標に依存して変化するとき,ラマン散乱が生じる.分極率テンソルを基準座標の 1 次まで展開して,

$$\alpha_{ij}(q) = \alpha_{ij}(0) + \left(\frac{\partial \alpha_{ij}}{\partial q}\right)_0 q \qquad (4.5)$$

と書いたときに得られる係数 $(\partial \alpha_{ij}/\partial q)_0$ は,やはり 2 階のテンソルである.

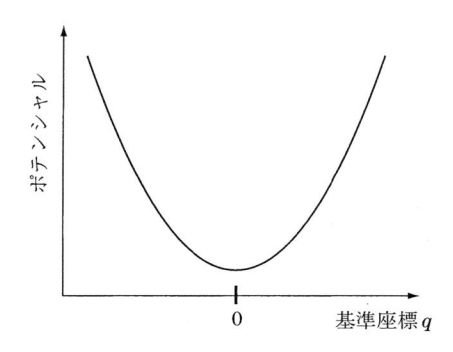

図 4.2 振動モードの基準座標とポテンシャル

4.1 線形ラマン散乱

これによってラマン散乱が生じるので，これを**ラマン分極率** (Raman polarizability) と呼ぶ．以下，分子から成る媒質について述べるが，結晶などの固体の場合は，ラマン感受率 $(\partial \chi_{ij}/\partial q)_0$ を用いて同様な議論ができる．

ラマン分極率，ラマン感受率のどちらも，単に**ラマンテンソル** (Raman tensor) と呼ばれることもある．振動モードの対称性によっては，ラマン分極率がゼロになるモードも存在する．それを**ラマン不活性** (Raman inactive) であるといい，そのモードによるラマン散乱は生じない．それに対して，ラマン分極率がゼロにならないモードは**ラマン活性** (Raman active) であるといわれる．一方，振動によって分子の電気双極子モーメントが変化するモードは，直接，光を吸収したり放出したりすることができるので，これを**赤外活性** (infrared active) であるという．反転対称性のある媒質では，ラマン活性なモードは必ず赤外不活性であり，赤外活性なモードは必ずラマン不活性である．これを**交互禁制律** (mutual exclusion rule) という．

いま，分子のラマン活性な振動モードが励起されているとすると，基準座標は

$$q(t) = \frac{1}{2}q_0 \exp(-i\omega_v t) + \text{c.c.} \qquad (4.6)$$

のように時間的に振動する．すると，分子の分極率は

$$\alpha_{ij}(t) = \alpha_{ij} + \left[\frac{1}{2}\left(\frac{\partial \alpha_{ij}}{\partial q}\right)_0 q_0 \exp(-i\omega_v t) + \text{c.c.}\right] \qquad (4.7)$$

のように同じ周波数で変調を受ける．ここで簡単のため $q = 0$ のときの分極率を α_{ij} と書いた．

この分子に角周波数 ω の光が入射したとする．このとき光電場を

$$E_j(t) = \frac{1}{2}E_j^{(\omega)}\exp(-i\omega t) + \text{c.c.} \qquad (j = x, y, z) \qquad (4.8)$$

と表すと，この光によって分子に生じる電気双極子モーメントは，

$$p_i(t) = \sum_j \alpha_{ij}(t) E_j(t)$$

$$= \sum_j \left\{ \alpha_{ij} + \left[\frac{1}{2}\left(\frac{\partial \alpha_{ij}}{\partial q}\right)_0 q_0 \exp(-i\omega_v t) + \text{c.c.} \right] \right\} \left\{ \frac{1}{2} E_j^{(\omega)} \exp(-i\omega t) + \text{c.c.} \right\}$$

$$= \sum_j \left\{ \frac{1}{2} \alpha_{ij} E_j^{(\omega)} \exp(-i\omega t) + \frac{1}{4}\left(\frac{\partial \alpha_{ij}}{\partial q}\right)_0 q_0 E_j^{(\omega)} \exp[-i(\omega + \omega_v)t] \right.$$

$$\left. + \frac{1}{4}\left(\frac{\partial \alpha_{ij}}{\partial q}\right)_0 q_0^* E_j^{(\omega)} \exp[-i(\omega - \omega_v)t] \right\} + \text{c.c.} \quad (4.9)$$

となる．ここに得られた分極には，角周波数 ω の入射光と同じ角周波数で振動する成分の他に，$\omega + \omega_v$ と $\omega - \omega_v$ の成分があるので，それぞれから，反ストークス・ラマン散乱とストークス・ラマン散乱が発生することがわかる．

なお，上式によると，反ストークス散乱とストークス散乱が同じ強度で発生すると考えられるが，実際はストークス散乱の方が強い．このことは，振動モードを量子力学的に扱うことで説明することができる．しかし，以下の誘導ラマン散乱の議論では量子力学的な考察は必要ないので，きちんとした説明はここでは省略する．なお簡単に述べると，ストークス・ラマン散乱では，入射光のエネルギーが振動モードと散乱光に分配されるので，量子力学的に見ると，これは入射光の光子一つが消滅して，振動の量子一つと散乱光の光子一つが生成される過程である．それに対して，反ストークス・ラマン散乱では，入射光の光子一つと振動の量子一つが消滅して，散乱光の光子一つが生成されることになる．そのため，もともと媒質中に振動モードが励起されていなくてもストークス・ラマン散乱は生じるのに対し，反ストークス・ラマン散乱は，媒質中に振動モードがもともと励起されていなければ生じない．そのため，ストークス・ラマン散乱の方が反ストークス・ラマン散乱よりも強くなるのである．

4.2 誘導ラマン過程

自然放出ラマン散乱では，散乱の原因となる分子振動は熱的に存在しているか，ラマン散乱の過程で生じる（ストークス散乱の場合）が，どちらの場合にも，その振動の位相はそれぞれの分子ごとにまちまちであり，その結果，散乱される光の位相も揃っていない．これはインコヒーレントな過程と呼ばれる．それに対して，レーザー光などの強い光を用いると，図4.3に示されるように，光で強制的に振動モードを駆動することができる．この場合，振動モードにおける振動の位相はそれを駆動する光の位相によって決まっているので，これはコヒーレントな過程である．

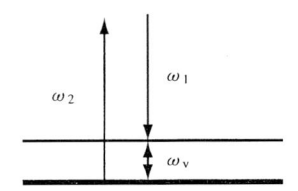

図 4.3 誘導ラマン過程．2色の光により差周波 $\omega_2 - \omega_1$ に共鳴するモードがコヒーレントに励起される．

光による振動モードの駆動について調べるため，まず初めに，分子の振動モードが光からどのような力を受けるかを見てみよう．分子に電気双極子モーメント $\boldsymbol{p}$ が生じたとき，光電場 E の中で持つポテンシャルエネルギーを W とすると，

$$W = -\boldsymbol{p} \cdot \boldsymbol{E} = -\boldsymbol{E} \cdot (\alpha \boldsymbol{E}) = -\sum_{ij} \alpha_{ij} E_i(t) E_j(t) \qquad (4.10)$$

と表される．振動モードの周波数が光の周波数に比べて十分小さいとすると，振動の基準座標の変化は，光電場の振動には追いつけないので，光電場の振動に対してはサイクル平均を取って考えればよい．そうすると，エネルギー W は光強度に比例し，光が単色光の場合は一定である．しかし，差周

波が振動モードの周波数に共鳴するような二つの周波数を持った光を照射すると，二つの周波数の差の周波数を持つうなりが生じ，光強度はこの周波数で変動する．それにより，振動モードが強制的に励起されることになる．

いま，角周波数 ω_1 と ω_2 の 2 成分から成る光を考え，その差周波が振動モードと共鳴している $(\omega_2 - \omega_1 \cong \omega_v)$ とする．このとき光電場は

$$E_j(t) = \frac{1}{2} E_j^{(\omega_1)} \exp(-i\omega_1 t) + \frac{1}{2} E_j^{(\omega_2)} \exp(-i\omega_2 t) + \text{c.c.} \quad (4.11)$$

と表せる．分子の振動モードは光電場から力

$$F = -\frac{\partial W}{\partial q} = \sum_{ij} \left(\frac{\partial \alpha_{ij}}{\partial q} \right)_0 E_i(t) E_j(t) \quad (4.12)$$

を受ける．このうち，振動モードと共鳴する差周波の成分だけを抜き出すと，

$$F = \frac{1}{4} \sum_{ij} \left(\frac{\partial \alpha_{ij}}{\partial q} \right)_0 \{ E_i^{(\omega_2)} [E_j^{(\omega_1)}]^* \exp[-i(\omega_2 - \omega_1)t] + \text{c.c.} \} \quad (4.13)$$

となる．

基準座標 $q(t)$ に対する運動方程式は，速度に比例する摩擦力を導入して，

$$m \left[\frac{d^2 q(t)}{dt^2} + 2\Gamma \frac{dq(t)}{dt} + \omega_v^2 q(t) \right] = F \quad (4.14)$$

のように表すことができる．ここで m は，この基準振動モードの換算質量である．基準座標 $q(t)$ が (4.6) と同じように

$$q(t) = \frac{1}{2} q_0 \exp[-i(\omega_2 - \omega_1)t] + \text{c.c.} \quad (4.15)$$

と表されるとして，運動方程式の定常解を求めると，

$$q_0 = \frac{1}{2m[\omega_v^2 - (\omega_2 - \omega_1)^2 - 2i(\omega_2 - \omega_1)\Gamma]} \sum_{ij} \left(\frac{\partial \alpha_{ij}}{\partial q} \right)_0 E_i^{(\omega_2)} [E_j^{(\omega_1)}]^*$$

$$(4.16)$$

となる．このとき分子の分極率は，

4.2 誘導ラマン過程

$$\alpha_{ij}(t) = \alpha_{ij} + \left\{ \frac{1}{2}\left(\frac{\partial \alpha_{ij}}{\partial q}\right)_0 \frac{1}{2m[\omega_v^2 - (\omega_2 - \omega_1)^2 - 2i(\omega_2 - \omega_1)\Gamma]} \right.$$
$$\left. \times \sum_{kl}\left(\frac{\partial \alpha_{kl}}{\partial q}\right)_0 E_k^{(\omega_2)}[E_l^{(\omega_1)}]^* \exp[-i(\omega_2 - \omega_1)t] + \text{c.c.} \right\}$$
(4.17)

のように角周波数 $\omega_2 - \omega_1$ で変調を受ける.

光の差周波が,振動モードの周波数にちょうどぴったり共鳴しているとき ($\omega_2 - \omega_1 = \omega_v$ のとき) に,これらの振動の振幅が最大になるので,その場合について見ると (4.16) は,

$$q_0 = \frac{i}{4m\omega_v \Gamma} \sum_{ij}\left(\frac{\partial \alpha_{ij}}{\partial q}\right)_0 E_i^{(\omega_2)}[E_j^{(\omega_1)}]^* \quad (4.18)$$

となり,(4.17) は,

$$\alpha_{ij}(t) = \alpha_{ij} + \left\{ \frac{i}{8m\omega_v \Gamma}\left(\frac{\partial \alpha_{ij}}{\partial q}\right)_0 \sum_{kl}\left(\frac{\partial \alpha_{kl}}{\partial q}\right)_0 E_k^{(\omega_2)}[E_l^{(\omega_1)}]^* \right.$$
$$\left. \times \exp[-i(\omega_2 - \omega_1)t] + \text{c.c.} \right\}$$
(4.19)

となる.これから,差周波が振動モードに共鳴した光を入射することにより,振動モードが入射光と位相関係を保って,すなわちコヒーレントに励起されることがわかる.この過程を**誘導ラマン過程** (stimulated Raman process) という.誘導ラマン過程によって生じるコヒーレントな振動の振幅は,ラマン分極率 $(\partial \alpha_{ij}/\partial q)_0$ に比例する.また,振動モードがコヒーレントに励起される結果,分子の分極率も同位相で変調されるが,その大きさは,(4.19) に示されるように二つのラマン分極率の積に比例する.

誘導ラマン過程によって生じたコヒーレントな分極率の変調により,さまざまな光学現象が生じるが,それらを総称して**誘導ラマン散乱** (stimulated Raman scattering),あるいは**コヒーレント・ラマン散乱** (coherent Raman

138　　　　　　　　　　　　4. 誘導ラマン散乱

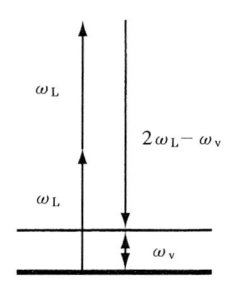

図 4.4　ハイパー・ラマン散乱

scattering）と呼ぶ（ただし，狭義の「誘導ラマン散乱」は，4.6 節で述べる現象のみを指す）．なお，誘導ラマン過程という言葉も，そのような広い意味で用いることもある．また，非線形ラマン散乱（nonlinear Raman scattering）という言葉も，ほぼ同じ内容を指して用いられる．ただし，例外もある．図 4.4 に示すような角周波数 ω_L の入射光に対して，角周波数 $2\omega_L - \omega_v$ の散乱光が放出される現象は，**ハイパー・ラマン散乱**（hyper-Raman scattering）と呼ばれる．これは，自然放出ラマン散乱の一種であり，非線形ラマン散乱ではあるが，コヒーレント・ラマン散乱からははずれる．

　ここまでの記述における誘導ラマン過程では，二つの周波数成分から成る連続光の強度が差周波のうなりを持つことを利用して，それと共鳴する振動モードが励振される．このような場合を連続励起（continuous excitation）の誘導ラマン散乱というのに対して，図 4.5 に示されるように，振動の周期に比べて十分に短い間だけ加わる力，すなわち撃力（impulsive force）を加えることにより振動を引き起こすことを，**衝撃励起**（impulsive excitation）という．ラマン活性な振動モードは，(4.12) で表されるように光強度に比例する力を受けるので，振動の周期よりも十分に短い光パル

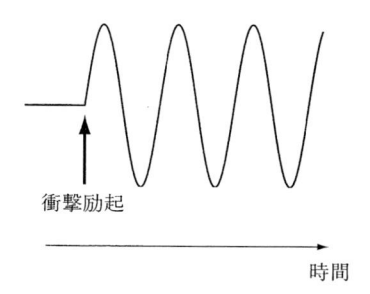

図 4.5　振動モードの衝撃励起

スを媒質に照射することにより，振動モードを衝撃的に励起することができる．このような過程による誘導ラマン散乱を**衝撃的誘導ラマン散乱**（impulsive stimulated Raman scattering）という．

4.3 非線形感受率

いま，(4.17)のように分極率が角周波数 $\omega_2-\omega_1$ の変調を受けているとする．このとき，媒質の感受率

$$\chi_{ij} = \frac{N}{\varepsilon_0}\alpha_{ij} \tag{4.20}$$

も同様に角周波数 $\omega_2-\omega_1$ の変調を受けている．ここに，新たに角周波数 ω_3 の光

$$E_j(t) = \frac{1}{2}E_j^{(\omega_3)}\exp(-i\omega_3 t) + \text{c.c.} \tag{4.21}$$

が入射したとする．このときに発生する分極

$$P_i = \varepsilon_0 \sum_j \chi_{ij}E_j \tag{4.22}$$

のうちで，角周波数 $\omega_{\text{AS}} \equiv \omega_3 + (\omega_2-\omega_1)$ の分極成分を

$$P(t) = \frac{1}{2}P^{(\omega_{\text{AS}})}\exp(-i\omega_{\text{AS}}t) + \text{c.c.} \tag{4.23}$$

とおく．この角周波数成分の振幅の各座標成分 $P_i^{(\omega_{\text{AS}})}$ を求めると，

$$P_i^{(\omega_{\text{AS}})} = \frac{N}{4m[\omega_{\text{v}}^2-(\omega_2-\omega_1)^2-2i(\omega_2-\omega_1)\Gamma]}$$
$$\times \sum_{jkl}\left(\frac{\partial \alpha_{ij}}{\partial q}\right)_0\left(\frac{\partial \alpha_{kl}}{\partial q}\right)_0 E_j^{(\omega_3)}E_k^{(\omega_2)}[E_l^{(\omega_1)}]^* \tag{4.24}$$

が得られる．この式は，光電場の3次に比例しており，3次の非線形感受率 $\chi^{(3)}$ を用いて，

$$P_i^{(\omega_{AS})} = \frac{6}{4}\varepsilon_0 \sum_{jkl} \chi_{ijkl}^{(3)}(\omega_{AS};\omega_3,\omega_2,-\omega_1) E_j^{(\omega_3)} E_k^{(\omega_2)} [E_l^{(\omega_1)}]^* \quad (4.25)$$

と表されるはずなので，3次の非線形感受率 $\chi^{(3)}$ の表式が

$$\boxed{\begin{aligned}\chi_{ijkl}^{(3)}(\omega_{AS};\omega_3,\omega_2,-\omega_1) &= \frac{N}{6m\varepsilon_0}\left(\frac{\partial \alpha_{ij}}{\partial q}\right)_0\left(\frac{\partial \alpha_{kl}}{\partial q}\right)_0 \\ &\quad \times \frac{1}{\omega_v^2 - (\omega_2-\omega_1)^2 - 2i(\omega_2-\omega_1)\Gamma}\end{aligned}}$$
$$(4.26)$$

のように得られる．特に共鳴の付近 $(\omega_2 - \omega_1 \cong \omega_v)$ では，この式は，

$$\chi_{ijkl}^{(3)}(\omega_{AS};\omega_3,\omega_2,-\omega_1) = \frac{N}{12m\varepsilon_0\omega_v}\left(\frac{\partial \alpha_{ij}}{\partial q}\right)_0\left(\frac{\partial \alpha_{kl}}{\partial q}\right)_0 \frac{1}{[\omega_v - (\omega_2-\omega_1)] - i\Gamma}$$
$$(4.27)$$

と近似できる．

ここまでは暗黙のうちに $\omega_2 > \omega_1$ を仮定していたが，(4.26)までは $\omega_2 < \omega_1$ の場合にもそのまま成り立つ．$\omega_2 < \omega_1$ の場合に，非線形分極の角周波数を $\omega_S \equiv \omega_3 - (\omega_1 - \omega_2)$ と書き直し，共鳴条件 $\omega_1 - \omega_2 \cong \omega_v$ を使うと，(4.26)は，

$$\chi_{ijkl}^{(3)}(\omega_S;\omega_3,\omega_2,-\omega_1) = \frac{N}{12m\varepsilon_0\omega_v}\left(\frac{\partial \alpha_{ij}}{\partial q}\right)_0\left(\frac{\partial \alpha_{kl}}{\partial q}\right)_0 \frac{1}{[\omega_v - (\omega_1-\omega_2)] + i\Gamma}$$
$$(4.28)$$

と近似される．(4.26)によって，$\chi^{(3)}$ の実部と虚部を入射光の差周波に対してプロットしたものを，図4.6に掲げた．

ここまでの記述により，振動モードの共鳴励起によって非線形分極が生じることを見た．非線形応答の起源としては，これ以外に純粋に電子状態の非線形な応答によるものや，非共鳴な振動モードによるものも，同時に存在する．その結果，実際に観測される非線形分極や非線形感受率は，分子振動による寄与（より一般的には原子の運動による寄与）と，電子分極（および非共

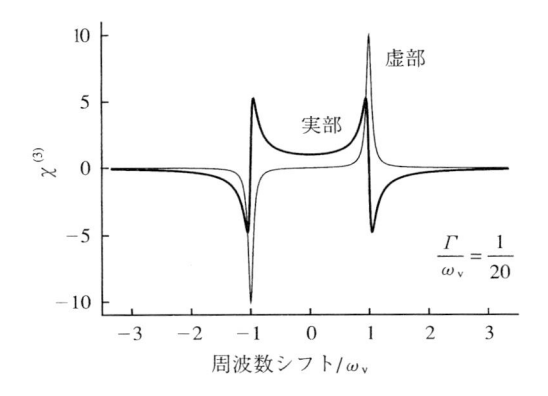

図 4.6 $\chi^{(3)}$ の実部と虚部の周波数依存性の計算例.

鳴モード)の寄与との和で表される.

すなわち,3次の非線形感受率に対する分子振動の寄与を $\chi_{ijkl}^{(3)\mathrm{mol}}$,電子分極による寄与を $\chi_{ijkl}^{(3)\mathrm{el}}$ とすると,

$$\chi_{ijkl}^{(3)} = \chi_{ijkl}^{(3)\mathrm{mol}} + \chi_{ijkl}^{(3)\mathrm{el}} \tag{4.29}$$

となる.電子準位間の遷移に対して光が共鳴していないときは,$\chi_{ijkl}^{(3)\mathrm{el}}$ は実数であり周波数にほとんど依存せず,また,$ijkl$ の順番を入れ替えても値が変わらない.

4.3.1 非線形性の起源と感受率の対称性

ここで,$\chi^{(3)}$ の表し方について,少し述べておこう.一般に 3 次の非線形分極は,

$$P_i^{(\omega_3+\omega_2+\omega_1)} = \frac{K}{4} \varepsilon_0 \sum_{jkl} \chi_{ijkl}^{(3)}(\omega_3+\omega_2+\omega_1;\omega_3,\omega_2,\omega_1) E_j^{(\omega_3)} E_k^{(\omega_2)} E_l^{(\omega_1)}$$

$$\tag{4.30}$$

と表される.この分極の表式には,添字の j, k, l と角周波数 ω_3, ω_2, ω_1 を同じ順番で入れ替えたものすべてが足し合わされているので,結局それらを入れ替えたすべての $\chi^{(3)}$ の総和のみが意味を持つ.そこで一般的な $\chi^{(3)}$ の定義では,それらの入れ替えに対して $\chi^{(3)}$ が不変になるように定義する.

ところが，(4.26) は，そのように対称化されていない．この式は，(k, ω_2) と $(l, -\omega_1)$ の入れ替えに対しては不変であるが，(j, ω_3) と (k, ω_2), $(l, -\omega_1)$ の間では入れ替えられない．このことは，$\chi^{(3)}$ の導出において考慮した非線形性の起源と対応している．上の議論では，コヒーレントな振動の励起のために ω_1 と ω_2 の光を用いたので，これらの順番を入れ替えても区別がない．それに対して，既に生じているコヒーレントな振動によって散乱を受ける光を ω_3 としたが，これは，ω_1, ω_2 の光とは役割が異なるので，交換できない．実は，上で考慮した過程以外に，振動モードの励起に ω_1 と ω_3 の光を用い，ω_2 の光が散乱される過程によっても，角周波数 $\omega_3 + (\omega_2 - \omega_1)$ の分極が発生する．したがって，より一般には，この過程に対応する寄与を加えたものが正しい感受率となる．ただし，照射光のうちのある1対の周波数成分の差周波のみが振動モードの周波数に近い（共鳴している）場合は，3次の非線形分極において，その周波数成分対により生成されるコヒーレントな振動による散乱からの寄与が最も大きくなると共に，その寄与は，照射光の周波数の関数として大きく変化する．それに対して，振動モードの周波数から大きく離れた（非共鳴の）周波数成分対による寄与は小さく，また周波数の変化に対してほとんど変化しないので，定数としてまとめてしまってよい．

なお，後ほど述べるように，通常の CARS や CSRS の測定では，コヒーレントな振動をつくるのに用いられた光の一方と，散乱を受ける光とが同一で区別できないので，観測される非線形感受率は，それらに対して対称化されたものとなる．

4.3.2 非線形感受率テンソル

コヒーレント・ラマン散乱過程を表す3次の非線形感受率は，4階のテンソルであり，それぞれの成分の間の割合は，

$$\chi^{(3)}_{ijkl}(\omega_{\mathrm{AS}}; \omega_3, \omega_2, -\omega_1) \propto \left(\frac{\partial \alpha_{ij}}{\partial q}\right)_0 \left(\frac{\partial \alpha_{kl}}{\partial q}\right)_0 \qquad (4.31)$$

の関係によって決まる．媒質や振動モードの対称性に応じて，テンソルの形に制限がある．

等方性の媒質のなかに分子がランダムに配向している系では，$\chi^{(3)}_{ijkl}$ のうちでゼロでないものは

$$\chi^{(3)}_{xxxx}, \quad \chi^{(3)}_{xxyy}, \quad \chi^{(3)}_{xyxy}, \quad \chi^{(3)}_{xyyx} \tag{4.32}$$

および，これらと同等なものだけであり，さらに，

$$\chi^{(3)}_{xxxx} = \chi^{(3)}_{xxyy} + \chi^{(3)}_{xyxy} + \chi^{(3)}_{xyyx} \tag{4.33}$$

が成り立つ．

分子振動による非線形性に対しては，さらにラマンテンソルの間に

$$\left(\frac{\partial \alpha_{xx}}{\partial q}\right)_0 \left(\frac{\partial \alpha_{yy}}{\partial q}\right)_0 = (1-2\rho)\left(\frac{\partial \alpha_{xx}}{\partial q}\right)_0 \left(\frac{\partial \alpha_{xx}}{\partial q}\right)_0 \tag{4.34}$$

$$\left(\frac{\partial \alpha_{xy}}{\partial q}\right)_0 \left(\frac{\partial \alpha_{xy}}{\partial q}\right)_0 = \left(\frac{\partial \alpha_{xy}}{\partial q}\right)_0 \left(\frac{\partial \alpha_{yx}}{\partial q}\right)_0 = \rho\left(\frac{\partial \alpha_{xx}}{\partial q}\right)_0 \left(\frac{\partial \alpha_{xx}}{\partial q}\right)_0 \tag{4.35}$$

が成り立つ．ここで ρ は，ラマン散乱の偏光解消度 (Raman depolarization ratio) と呼ばれる量であり，非共鳴ラマン散乱では，$0 \leq \rho \leq 0.75$ の範囲の値を持つ．ラマン偏光解消度の大きさは振動モードの対称性によっており，全対称振動モード (totally symmetric vibrational mode；分子の対称性と同じ対称性を有する振動モード) では $0 \leq \rho < 0.75$，非全対称振動モードでは $\rho = 0.75$ となる．

これに対して，電子分極による非線形性の場合は，すべての添字の入れ替えに対して不変であるので，

$$\chi^{(3)}_{xxyy} = \chi^{(3)}_{xyxy} = \chi^{(3)}_{xyyx} = \frac{1}{3}\chi^{(3)}_{xxxx} \tag{4.36}$$

となる．

なお，結晶における格子振動モードからのラマン散乱を表すラマンテンソルの形は，その結晶の属する結晶族と，格子振動の対称性により決まり，その一覧が成書に挙げられている (章末の参考文献 [1], [2])．

4.4　各種のコヒーレント・ラマン散乱現象

いま，媒質に二つの角周波数成分 ω_1, ω_2 から成る光が入射しているとする．この光電場を，それぞれの波数ベクトル $\boldsymbol{k}_1$, $\boldsymbol{k}_2$ も含めて表すと，

$$E(\boldsymbol{r},t) = \frac{1}{2}E^{(\omega_1)}\exp[i(\boldsymbol{k}_1\cdot\boldsymbol{r}-\omega_1 t)] + \frac{1}{2}E^{(\omega_2)}\exp[i(\boldsymbol{k}_2\cdot\boldsymbol{r}-\omega_2 t)] + \text{c.c.} \quad (4.37)$$

と書ける．ここで $\omega_2 > \omega_1$ とし，二つの成分の差周波が振動モードに共鳴している ($\omega_2 - \omega_1 \cong \omega_v$) とする．このとき，振動モード ω_v がコヒーレントに励起される．励起される振動モードの振幅の空間依存性は，波数ベクトル $\boldsymbol{k}_1 - \boldsymbol{k}_2$ と $-(\boldsymbol{k}_1 - \boldsymbol{k}_2)$ を持つ成分から成ると見なすことができる．角周波数 ω_1 と ω_2 の光は，それぞれこの振動モードによって散乱される．散乱光を発生する3次の非線形分極は，図4.7と表4.1に示されるように，四つの角周波数の成分がそれぞれ別の波数ベクトルを持って現れる．以下の各節で，それぞれの散乱現象について記述する．また，コヒーレントな振動をつくるために用いられた2色の光とは別の第3の光を媒質に入射することにより，この光からの散乱光を発生させることもできる．この場合，3次の非線形分極を発生させるために用いられる三つの光が別々になり，それぞれの特性を

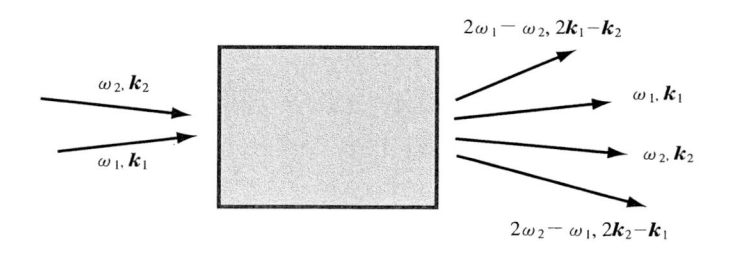

図4.7　各種のコヒーレント・ラマン散乱現象

表 4.1 角周波数が ω_1, ω_2, 波数ベクトルが $\mathbf{k}_1, \mathbf{k}_2$ の 2 ビームによって発生する 3 次の分極と，対応する誘導ラマン散乱現象．ただし，$\omega_2 > \omega_1$ とする．

角周波数	波数ベクトル	対応する過程
$2\omega_2 - \omega_1$	$2\mathbf{k}_2 - \mathbf{k}_1$	コヒーレント反ストークス・ラマン散乱
ω_2	$\mathbf{k}_2$	逆ラマン散乱
ω_1	$\mathbf{k}_1$	誘導ラマン利得
$2\omega_1 - \omega_2$	$2\mathbf{k}_1 - \mathbf{k}_2$	コヒーレント・ストークス・ラマン散乱

独立に制御できるようになるので，測定における波長，偏光，時間などの自由度が増すことになる．これについては本書ではこれ以上述べない．

4.5 コヒーレント反ストークス・ラマン散乱

図 4.7 と表 4.1 に示した各種のコヒーレント・ラマン散乱現象のうちで，入射光より高周波数の光，すなわち反ストークス光が，角周波数 $2\omega_2 - \omega_1$，波数ベクトル $2\mathbf{k}_2 - \mathbf{k}_1$ を持って放出される現象を**コヒーレント反ストークス・ラマン散乱**（CARS；coherent anti-Stoke Raman scattering）という．図 4.8 には，周波数の大小関係がわかりやすいように，$\omega_L = \omega_2, \omega_S = \omega_1, \omega_{AS} = 2\omega_2 - \omega_1$ とおき直して，準位図を示した．

CARS の発生源となる 3 次の非線形分極の振幅は，3 次の非線形感受率を用いて

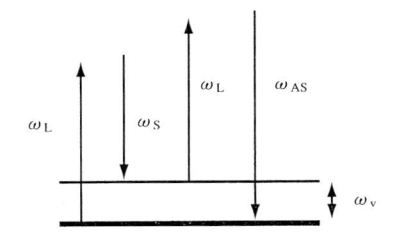

図 4.8 コヒーレント反ストークス・ラマン散乱のエネルギー準位図

$$P_i^{(\omega_{AS})} = \frac{3}{4}\varepsilon_0 \sum_{jkl} \chi_{ijkl}^{(3)}(\omega_{AS};\omega_L,\omega_L,-\omega_S) E_j^{(\omega_L)} E_k^{(\omega_L)} [E_l^{(\omega_S)}]^* \quad (4.38)$$

と表される．CARS の過程を表す $\chi^{(3)}$ の表式は，4.3 節の記述に従って求めることができる．ただし，4.3.1 項で述べたように，(4.26) に示した $\chi^{(3)}$ の表式は，コヒーレントな振動を励起するために用いられた光の周波数成分対と，そのコヒーレントな振動により散乱される光の周波数成分を，それぞれ決めることにより，それらに対応して得られるものであることを思い出そう．一般的には，入射光のあらゆる周波数，偏光成分から得られる可能な組み合わせから求められる $\chi^{(3)}$ の寄与をすべて加えたものが，実際に実現される $\chi^{(3)}$ となる．それらのうち，非共鳴な周波数成分による寄与は，まとめて定数とすることが許される．CARS では，同一の角周波数 ω_L の電場振幅が非線形分極の表式 (4.38) に 2 回現れる．これは，この角周波数成分が，コヒーレントな振動を励起するための周波数対の一つとして用いられると共に，コヒーレントな振動により散乱される光としても用いられていることを示している．したがって，CARS を記述する $\chi^{(3)}$ の表式としては，(4.26) の表式で j 成分と k 成分とを入れ替えたものも加えることになる．その結果，非線形感受率は

$$\chi_{ijkl}^{(3)}(\omega_{AS};\omega_L,\omega_L,-\omega_S) = \frac{N}{6m\varepsilon_0[\omega_v^2 - (\omega_L-\omega_S)^2 - 2i(\omega_L-\omega_S)\Gamma]}$$
$$\times \left\{\left(\frac{\partial \alpha_{ij}}{\partial q}\right)_0 \left(\frac{\partial \alpha_{kl}}{\partial q}\right)_0 + \left(\frac{\partial \alpha_{ik}}{\partial q}\right)_0 \left(\frac{\partial \alpha_{jl}}{\partial q}\right)_0\right\}$$
$$(4.39)$$

と表される．(4.38) の分極が元となって新たに CARS 光が発生するので，CARS 光の強度 I_{AS} は，

$$I_{AS} \propto |P^{(\omega_{AS})}|^2 \propto |\chi^{(3)}|^2 I_L^2 I_S \quad (4.40)$$

のように $|\chi^{(3)}|^2$ に比例する．ここで，I_L, I_S はそれぞれ，角周波数 ω_L, ω_S の光の強度である．

4.5.1 位相整合

CARS 光が効率よく発生するためには，$\omega_L, \omega_S, \omega_{AS}$ の光の波数ベクトルの間に，位相整合条件

$$2\boldsymbol{k}_L = \boldsymbol{k}_S + \boldsymbol{k}_{AS} \tag{4.41}$$

が成り立つ必要がある．いま，これらの光が振動モードに共鳴している ($\omega_{AS} - \omega_L = \omega_L - \omega_S = \omega_v$) として，どのようなときに位相整合条件が成り立つか，考えよう．3 つの光がすべて同じ方向に進行しているとすると，この式はスカラーの関係

$$2k_L = k_S + k_{AS} \tag{4.42}$$

すなわち

$$2n_L\omega_L = n_S\omega_S + n_{AS}\omega_{AS} \tag{4.43}$$

となる．ただし，n_L, n_S, n_{AS} はそれぞれ角周波数 $\omega_L, \omega_S, \omega_{AS}$ における媒質の屈折率とする．ここで，媒質の屈折率を角周波数で展開して

$$n(\omega) = n_L + (\omega - \omega_L)\frac{dn}{d\omega} + \frac{1}{2}(\omega - \omega_L)^2 \frac{d^2n}{d\omega^2} \tag{4.44}$$

のように 2 次の項まで取ると，(4.43) の右辺は，

$$n_S\omega_S + n_{AS}\omega_{AS} = 2n_L\omega_L + \omega_v^2(2n' + \omega_L n'') \tag{4.45}$$

と表される．ただしここで，

$$n' = \frac{dn}{d\omega} \tag{4.46}$$

$$n'' = \frac{d^2n}{d\omega^2} \tag{4.47}$$

とおいた．(4.45) の右辺のカッコの中の量は，群屈折率

$$n_g = n + \omega n' \tag{4.48}$$

を周波数で微分したもの

$$\frac{dn_g}{d\omega} = 2n' + \omega n'' \tag{4.49}$$

である．この量は，正常分散の周波数領域では一般に正になるので，(4.43)の右辺は，左辺より大きくなる．したがって，気体などの希薄な媒質で，媒質の分散がほぼ無視できるような場合を除くと，媒質が透明な周波数領域において，2つの入射光が同方向に進行する配置ではCARSの位相整合条件を満足できない．そこで，図4.9のように非共軸な配置を用いて位相整合条件を満足させなければならない．図4.9の配置で位相整合条件を満足する k_L と k_S との間の角度を θ とすると，ω_v が小さいときに，

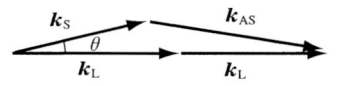

図4.9 コヒーレント反ストークス・ラマン散乱の位相整合

$$\theta = \left(\frac{2n' + \omega_L n''}{n\omega_L}\right)^{1/2} \omega_v \tag{4.50}$$

の関係が成り立つ．

振動モードの角周波数 ω_v が小さい場合，図4.9の位相整合条件を満たす k_L と k_S の間の角度が小さくなるので，CARS光の検出が困難になる．そのような場合に，角周波数 ω_L の光を図4.10のように k_L と k'_L の2つに分け

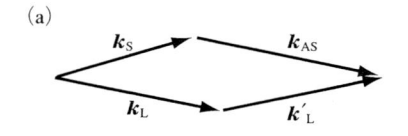

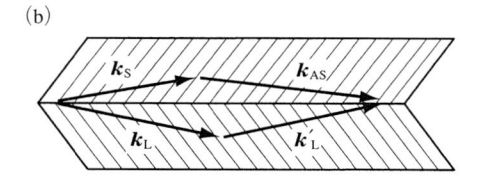

図4.10 (a)ボックスカース配置と，(b)フォールデッドボックスカース配置

ると，位相整合条件が

$$k_L + k'_L = k_S + k_{AS} \tag{4.51}$$

となり，k_L と k_S の間の角度を大きくすることができる．図 4.10 に示された 2 つのビーム配置のうち，(a) のようにすべての波数ベクトルが同一の平面上にある場合は**ボックスカース**（boxcars）配置，(b) のように同一の平面上にない場合は**フォールデッドボックスカース**（folded boxcars）配置とそれぞれ呼ばれる．

4.5.2 スペクトル

CARS は，分光測定に広く用いられる．一般に振動分極から新たに発生する光の強度は，分極の振幅の絶対値の 2 乗に比例するから，CARS 光の強度も非線形分極の振幅の絶対値の 2 乗に比例する．(4.39) で与えられる非線形感受率は，共鳴付近で (4.27) の形に近似できるから，非共鳴な過程の寄与も合わせると，

$$I^{\text{CARS}} \propto \left| \chi^{\text{NR}} + \frac{A}{\omega_v - (\omega_L - \omega_S) - i\Gamma} \right|^2 \tag{4.52}$$

のような周波数依存性を示す．ここで，A は周波数によらない定数であり，χ^{NR} は非共鳴過程による非線形感受率である．非共鳴成分が無視できる場合は，

$$I^{\text{CARS}} \propto \frac{|A|^2}{[\omega_v - (\omega_L - \omega_S)]^2 - \Gamma^2} \tag{4.53}$$

となる．この表式は，ω_L，ω_S のどちらに対しても同様の依存性を示し，この関数形はローレンツ関数と呼ばれる．これらのスペクトルの計算例を図 4.11 に示す．非共鳴過程の寄与により，(b) のスペクトルのように，高周波数側のすそにローレンツ型からのずれが現れる．非共鳴項はほぼ周波数によらず，正の定数になるので，高周波数側のある周波数で共鳴項と打ち消し合い，非線形感受率の絶対値が最小になる．

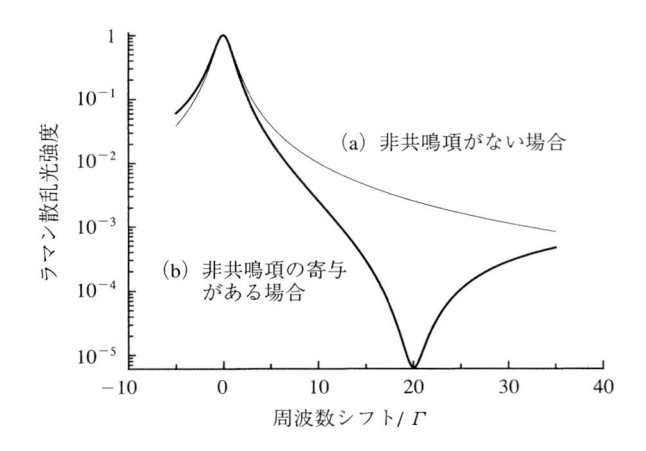

図 4.11 CARS による散乱光強度のスペクトル．非共鳴項を含めない場合 (a) と含めた場合 (b) の計算例．

4.5.3 コヒーレント・ストークス・ラマン散乱

　CARS とは反対に，2色の入射光 ω_1, ω_2 のうちの低周波側の光 ω_1 よりさらに振動モードの周波数だけ低周波数側に，図 4.12 に示される過程により散乱光が発生する．これを，**コヒーレント・ストークス・ラマン散乱** (CSRS; coherent Stokes Raman scattering) という．CSRS は，CARS と類似した現象であるが，CSRS の測定は，入射光より低周波数であるため，CARS と比べて蛍光などの影響を受けやすい．また，エネルギーの収支を考えると，図 4.8 に示したとおり，CARS では，入射光と散乱光との間でエネルギーのやり取りをすることでエネルギーの差し引きがゼロになるが，CSRS では，光から振動モードへのエネルギーの移動がある．

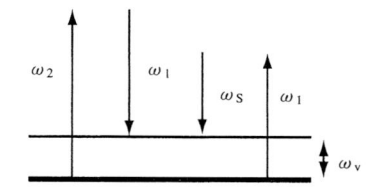

図 4.12 CSRS のエネルギー準位図

4.6 誘導ラマン利得と誘導ラマン散乱

図 4.7 と表 4.1 に示した過程のうち，角周波数 ω_1 と ω_2 の分極は，図 4.13 の準位図に示されるような過程によって生じる．これらの分極はもともとの入射光と同じ角周波数と波数ベクトルを持っているので，これらの非線形分極によっては新たな散乱光が発生するのではなく，入

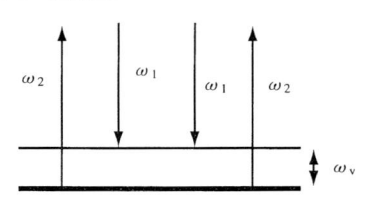

図 4.13 誘導ラマン利得と逆ラマン散乱のエネルギー準位図

射光に何らかの変調を与えることになる．実際には，以下で見るように，低周波数側の入射光は利得を受け，高周波数側の入射光は損失を受けることになる．ただし，4.7 節で述べるラマン誘起カー効果は，コヒーレント・ラマン散乱により生じる入射光の偏光状態の変化に着目したものである．この場合，光を角周波数と波数ベクトルだけではなく偏光成分ごとに分けて考えることで，入射光とは異なる偏光を持った光が新たに発生したと見なすこともできる．

初めに，低周波数側の角周波数 ω_1，波数ベクトル $\boldsymbol{k}_1$ の非線形分極

$$\boldsymbol{P}(\boldsymbol{r},t) = \frac{1}{2}\boldsymbol{P}^{(\omega_1)}\exp\left[i(\boldsymbol{k}_1\cdot\boldsymbol{r}-\omega_1 t)\right] + \text{c.c.} \qquad (4.54)$$

について調べよう．角周波数 ω_1 と ω_2 の入射光の差周波でコヒーレントな振動が励起され，それによって ω_2 の入射光が散乱される．

この散乱光は，角周波数 ω_1，波数ベクトル $\boldsymbol{k}_1$ を持つので，この分極の振幅は以下のように

$$P_i^{(\omega_1)} = \frac{6}{4}\varepsilon_0\sum_{jkl}\chi_{ijkl}^{(3)}(\omega_1;\omega_2,\omega_1,-\omega_2)E_j^{(\omega_2)}E_k^{(\omega_1)}\left[E_l^{(\omega_2)}\right]^*$$

$$= \frac{N}{4m[\omega_v^2 - (\omega_2 - \omega_1)^2 + 2i(\omega_2 - \omega_1)\Gamma]}$$
$$\times \sum_{jkl}\left(\frac{\partial \alpha_{ij}}{\partial q}\right)_0 \left(\frac{\partial \alpha_{kl}}{\partial q}\right)_0 E_j^{(\omega_2)} E_k^{(\omega_1)} [E_l^{(\omega_2)}]^*$$
(4.55)

と表される．簡単のために，以下では，電場や分極をスカラーとし，ラマン分極率もスカラーとする．(4.55)によると，差周波がちょうど共鳴するとき，すなわち $\omega_2 - \omega_1 = \omega_v$ のときに，分極は，

$$P^{(\omega_1)} = \frac{-iN}{8m\omega_v \Gamma}\left[\left(\frac{\partial \alpha}{\partial q}\right)_0\right]^2 |E^{(\omega_2)}|^2 E^{(\omega_1)} \quad (4.56)$$

と表される．この式の右辺の $E^{(\omega_1)}$ の係数は純虚数であり，その虚部は負である．このことは，電場に対して分極の振動の位相が $\pi/2$ だけ進んでいることを表しているが，このとき，$E^{(\omega_1)}$ の光は増幅を受ける．このことを二つの見方で説明しよう．

一般に電磁波から物質に与えられる単位時間当りのエネルギー密度は，ジュール熱を一般化したものであり，電場 $E(t)$ と電流密度 $i(t)$ の積で

$$U = E(t) \cdot i(t) \quad (4.57)$$

と与えられる．光電場やそれによって生じる電流は速く振動しているので，サイクル平均を取って，

$$\bar{U} = \overline{E(t) \cdot i(t)} \quad (4.58)$$

となる．また，電流密度は分極の時間微分で与えられるので，この式は

$$\bar{U} = \overline{E(t) \cdot \frac{\partial}{\partial t}P(t)} \quad (4.59)$$

と表される．上記のように，分極の位相が電場より $\pi/2$ だけ進んでいるとき，この量は負になる．このことは，電磁波が物質からエネルギーを受け取ること，すなわち光に対して利得があることを意味する．

同じことを感受率を使って見てみよう．(4.56)は，角周波数 ω_1 における

4.6 誘導ラマン利得と誘導ラマン散乱

媒質の実効的な感受率が，非線形光学効果によって線形の値 χ から

$$\chi_{\text{eff}} = \chi - \frac{iN}{8m\varepsilon_0\omega_v \Gamma}\left[\left(\frac{\partial\alpha}{\partial q}\right)_0\right]^2 |E^{(\omega_2)}|^2 \tag{4.60}$$

に変化したことを意味している．感受率の虚部が負であることは，消衰係数が負であることとほぼ同等である．このことは，媒質中を光が伝搬するに従って増幅を受けることを意味する．

以上の議論より，ラマン活性な振動モードを持つ媒質に強力な光が入射しているとき，その光から振動モードの周波数だけ低周波数側にシフトした光（ストークス光）は増幅を受けることがわかる．これを**誘導ラマン利得**（stimulated Raman gain）という．誘導ラマン利得をもたらす非線形分極の波数ベクトルは，必ず利得を受ける光の波数ベクトルと等しい．すなわち，常に位相整合条件を満たす．

誘導ラマン利得が，媒質による光の吸収や回折などによる損失の効果を上回るだけの大きさを持ち，さらに，媒質とそれに入射するレーザー光との相互作用長が十分に長ければ，熱放射などの弱い光をタネにして図 4.14 のようにストークス光の増幅が進み，強力な光が放出される．これが狭義の**誘導ラマン散乱**である．多くの場合，媒質が持ついくつかのラマン活性モードのうち，最もラマン分極率の大きなモードからのみ，誘導ラマン散乱が観測されるので，高強度のレーザー光をラマン活性媒質に入射すると，媒質ごとに決まった周波数だけ低周波数側にシフトした光が放出される．そのため，誘導ラマン散乱はレーザー光の波長変換法として用いることができる．

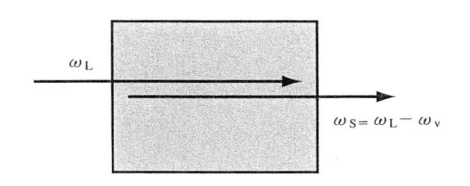

図 4.14 誘導ラマン散乱．レーザー光に対してラマン周波数だけ低周波数の光が増幅を受ける．

ラマン媒質に角周波数 ω_L のレーザー光が入射し，誘導ラマン散乱により

4. 誘導ラマン散乱

角周波数 ω_S のストークス光が発生しているとき，同時に角周波数 ω_{AS} の反ストークス光が観測されることがある．ストークス光は，誘導ラマン効果により増幅を受け，弱いタネ光から自然に成長していくが，反ストークス光は，逆に逆ラマン効果による損失を受けるので，その発生機構はストークス光の場合とは異なる．このような反ストークス光は，既に生じているストークス光と入射したレーザー光とによるコヒーレント反ストークス・ラマン散乱（CARS）により生じる．

このとき，ストークス光は入射されるレーザー光の進行方向と同じ方向に発生するが，CARS 光は，図 4.15 に示すように，円錐状の方向に発生する．誘導ラマン散乱によりストークス光が利得を受ける過程は，常に位相整合条件を満たす．利得は，レーザー光のビームの位置で大きくなるので，その結果，ストークス光は，ほぼレーザー光と同じ方向に発生する．それに対して，CARS の過程では図 4.9 に示したように，レーザー光とストークス光の間に有限の角度が存在しなければ位相整合条件が満たされない．したがって，レーザー光の進行方向からわずかにずれた方向に進むストークス光とレーザー光との混合により，図 4.9 の位相整合条件を満たす円錐状の方向に，反ストークス光が発生する．

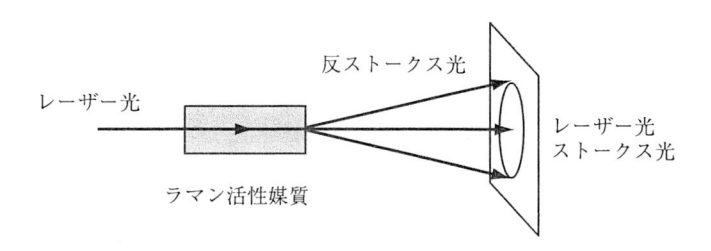

図 4.15 誘導ラマン散乱は入射レーザー光と同方向に発生するのに対し，CARS による反ストークス光は，円錐状の方向に発生する．

逆ラマン散乱

次に，(4.37) に戻って，高周波数側の光 ω_2 における非線形分極 $\boldsymbol{P}^{(\omega_2)}$ について同様に考察すると，分極の振幅は

$$P_i^{(\omega_2)} = \frac{6}{4}\varepsilon_0 \sum_{jkl}\chi_{ijkl}^{(3)}(\omega_2;\omega_1,\omega_2,-\omega_1)E_j^{(\omega_1)}E_k^{(\omega_2)}[E_l^{(\omega_1)}]^*$$

$$= \frac{N}{4m[\omega_v^2 - (\omega_2-\omega_1)^2 - 2i(\omega_2-\omega_1)\Gamma]}$$

$$\times \sum_{jkl}\left(\frac{\partial\alpha_{ij}}{\partial q}\right)_0\left(\frac{\partial\alpha_{kl}}{\partial q}\right)_0 E_j^{(\omega_1)}E_k^{(\omega_2)}[E_l^{(\omega_1)}]^*$$

(4.61)

と表される．共鳴条件下，すなわち $\omega_2 - \omega_1 = \omega_v$ が成り立つときには，非線形感受率は純虚数で，その虚部が正になる．このとき，図 4.16 のように光は損失を受ける．これを**逆ラマン散乱** (inverse Raman scattering)，**逆ラマン効果** (inverse Raman effect)，または**誘導ラマン損失** (stimulated Raman loss) という．逆ラマン散乱も誘導ラマン利得と同じく，常に位相整合条件を満たす．誘導ラマン利得と逆ラマン散乱は，どちらも分光測定の手段として用いられる．

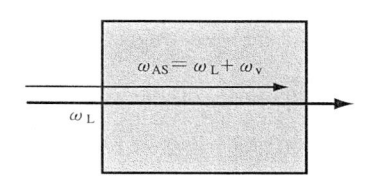

図 4.16 誘導ラマン損失．レーザー光に対してラマン周波数だけ高周波数の光は損失を受ける．

誘導ラマン利得と逆ラマン散乱は，互いに逆の過程であり，低周波数側の光に誘導ラマン利得が生じているとき，高周波数側の光は損失を受けている．誘導ラマン利得と逆ラマン散乱は，量子力学的に考えると，以下のように理解することができる．つまり，誘導ラマン過程で振動モードが励起されるとき，高周波数側の光の光子が一つ消滅し，その代わりに低周波数側の光の光子と振動の量子が一つずつ生成される．その結果，高周波数側の光は損失を

受け，低周波数側の光は増幅されることになる．

　超短光パルスが非線形光学媒質を伝搬するとき，パルスの時間幅が十分に短く，その結果，光のスペクトルが媒質のラマンモードの周波数以上の広がりを持つ場合，光パルスのスペクトルの中の，二つの周波数成分を使って，誘導ラマン散乱が生じる．そうすると，光パルスのスペクトルのうち，高周波数成分が減衰し，低周波数成分は増幅を受けるので，光パルスのスペクトルは全体として低周波数側にシフトすることとなる．このような現象は，光ファイバーを伝搬する光ソリトンで顕著に観測され，**自己周波数シフト**（self-frequency shift）と呼ばれる．

4.7　ラマン誘起カー効果

　誘導ラマン利得や逆ラマン散乱の発生源となる非線形分極は，入射光と同じ角周波数・波数ベクトルを持っており，これらの現象は，(4.60)で示したように，媒質の実効的な光学定数が変化したと見なすことによっても説明できる．

　いま，角周波数 ω_1 と ω_2 の入射光の偏光状態が異なる場合，入射光と同じ角周波数で生じる非線形分極の偏光状態は，一般には入射光と異なる．この場合，この分極からは，入射光とは異なる偏光状態の光が新たに発生することになる．この現象は，別の見方をすれば，媒質の光学的性質が異方的になり，それにより入射光の偏光状態が変化したと見なすこともできる．このような現象が**ラマン誘起カー効果**（Raman-induced Kerr effect）である．以下の議論では，簡単のため媒質は等方的であると仮定しておく．

　光カーシャッターと同様な図 4.17 のような光学配置を考えよう．ラマン効果を有する媒質に入射する光（プローブ光）の角周波数を ω_1，波数ベクトルを k_1 とし，x 方向に偏光しているとする．このときプローブ光の電場は，

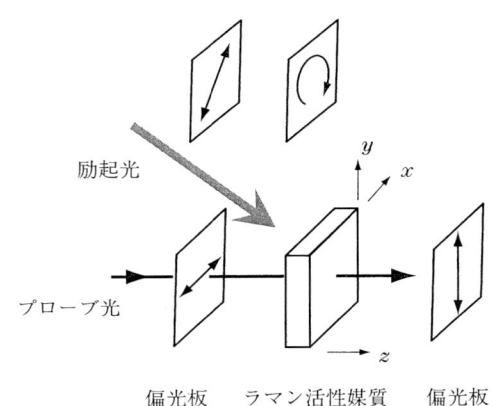

4.7 ラマン誘起カー効果

図 4.17 ラマン誘起カー効果の測定配置

$$E^{\mathrm{pr}}(\boldsymbol{r},t) = \frac{1}{2}E_0^{\mathrm{pr}}\exp[i(\boldsymbol{k}_1\cdot\boldsymbol{r}-\omega_1 t)] + \mathrm{c.c.} \quad (4.62)$$

$$E_0^{\mathrm{pr}} = \begin{pmatrix} E_x^{(\omega_1)} \\ E_y^{(\omega_1)} \end{pmatrix} = \begin{pmatrix} E_0^{\mathrm{pr}} \\ 0 \end{pmatrix} \quad (4.63)$$

と表される．プローブ光が媒質を透過したのち，偏光板を通すことで y 方向の偏光成分だけを観測する．媒質にはプローブ光とは別に，角周波数 ω_2 の励起光が照射されているとし，その波数ベクトルを $\boldsymbol{k}_2$ とする．励起光の偏光としては，$\pi/4$ 方向の直線偏光の場合と円偏光の場合を考えよう．

直線偏光の場合，励起光の電場は

$$E^{\mathrm{p}}(\boldsymbol{r},t) = \frac{1}{2}E_0^{\mathrm{p}}\exp[i(\boldsymbol{k}_2\cdot\boldsymbol{r}-\omega_2 t)] + \mathrm{c.c.} \quad (4.64)$$

$$E_0^{\mathrm{p}} = \begin{pmatrix} E_x^{(\omega_2)} \\ E_y^{(\omega_2)} \end{pmatrix} = \frac{E_0^{\mathrm{p}}}{\sqrt{2}}\begin{pmatrix} 1 \\ 1 \end{pmatrix} \quad (4.65)$$

のように表され，右回りの円偏光の場合は，

$$E_0^{\mathrm{p}} = \frac{E_0^{\mathrm{p}}}{\sqrt{2}}\begin{pmatrix} 1 \\ -i \end{pmatrix} \quad (4.66)$$

となる．3次の非線形光学効果により生成される，角周波数 ω_1，波数ベクト

ル k_1 の非線形分極を以下のように,

$$P^{(3)}(\boldsymbol{r},t) = \frac{1}{2}P_0^{(3)}\exp[i(\boldsymbol{k}_1\cdot\boldsymbol{r}-\omega_1 t)] + \text{c.c.} \quad (4.67)$$

$$P_0^{(3)} = \begin{pmatrix} P_x^{(\omega_1)} \\ P_y^{(\omega_1)} \end{pmatrix} \quad (4.68)$$

とすると,分極の振幅は,非線形感受率を用いて

$$P_i^{(\omega_1)} = \frac{3}{2}\varepsilon_0\sum_{jkl}\chi_{ijkl}^{(3)}(\omega_1;\omega_2,\omega_1,-\omega_2)E_j^{(\omega_2)}E_k^{(\omega_1)}[E_l^{(\omega_2)}]^* \quad (4.69)$$

と表される.測定に寄与するのは,このうちの y 成分のみである.等方性媒質での $\chi^{(3)}$ の対称性を用いると,y 成分は,励起光が直線偏光の場合には,

$$P_y^{(\omega_1)} = \frac{3}{4}\varepsilon_0(\chi_{xxyy}^{(3)} + \chi_{xyyx}^{(3)})E_0^{\text{pr}}|E_0^{\text{p}}|^2 \quad (4.70)$$

円偏光の場合には,

$$P_y^{(\omega_1)} = -\frac{3i}{4}\varepsilon_0(\chi_{xxyy}^{(3)} - \chi_{xyyx}^{(3)})E_0^{\text{pr}}|E_0^{\text{p}}|^2 \quad (4.71)$$

と表される.

なお,上の表式が 3.4.3 項の光カー効果の場合と異なるのは,$\chi^{(3)}$ の引数の周波数の並び方が異なるからである.

(4.31),(4.34),(4.35) の関係より,偏光解消度 ρ を用いて

$$\chi_{xxyy}^{(3)} + \chi_{xyyx}^{(3)} = (1-\rho)\chi_{xxxx}^{(3)} \quad (4.72)$$

$$\chi_{xxyy}^{(3)} - \chi_{xyyx}^{(3)} = (1-3\rho)\chi_{xxxx}^{(3)} \quad (4.73)$$

と表すこともできる.ただし,これらの関係は誘導ラマン散乱過程による $\chi^{(3)}$ についてのものであり,$\chi^{(3)}$ に対する非共鳴過程の寄与については,(4.36) の関係が成り立つ.それによると,非共鳴過程による非線形感受率に対しては,

$$\chi_{xxyy}^{(3)} - \chi_{xyyx}^{(3)} = 0 \quad (4.74)$$

が成り立つので，円偏光で励起することにより，非共鳴過程の寄与を除去することができる．いずれの場合にも，観測される散乱光の強度 I^{RIKE} は，非線形分極に対して

$$I^{\text{RIKE}} \propto |P_y^{(\omega_1)}|^2 \tag{4.75}$$

の関係にあるので，直線偏光励起では，

$$I^{\text{RIKE}} \propto \left|\chi_{xxyy}^{(3)}(\omega_1;\omega_2,\omega_1,-\omega_2) + \chi_{xyyx}^{(3)}(\omega_1;\omega_2,\omega_1,-\omega_2)\right|^2 \tag{4.76}$$

円偏光励起では，

$$I^{\text{RIKE}} \propto \left|\chi_{xxyy}^{(3)}(\omega_1;\omega_2,\omega_1,-\omega_2) - \chi_{xyyx}^{(3)}(\omega_1;\omega_2,\omega_1,-\omega_2)\right|^2 \tag{4.77}$$

となる．

図4.17のような，単に互いに直交した偏光板を用いた光学配置では，測定される信号強度は上記のように $\chi^{(3)}$ の絶対値の2乗に比例する．3.4.4項に記したような光学的ヘテロダイン検出を用いることにより，$\chi^{(3)}$ の実部と虚部を別々に，しかも非常に感度よく検出することができる．例えば図4.18のように，ラマン活性媒質の前に4分の波長板を挿入し，入射側の偏光板をわずかに回転させることで，もともとのプローブ光に対して，位相が $\pi/2$ だけシフトした局部発振光をつくることができる．この光はそのまま出力側の偏光板を透過するので，非線形分極によって発生する電場と干渉して，ヘテ

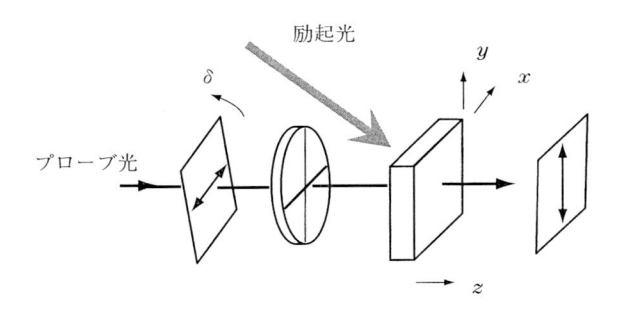

偏光板　4分の波長板　ラマン活性媒質　偏光板

図4.18　光学的ヘテロダイン検出ラマン誘起カー効果の測定配置の例

ロダイン検出が達成できる．この光学配置では，プローブ光に対して同位相の非線形分極により発生した電場のみが検出できるので，直線偏光励起の場合は $\chi^{(3)}$ の実部が，円偏光励起では虚部が検出される．偏光板を $\pi/4$ 回転させると，試料に入射するプローブ光は円偏光になるが，このとき信号強度が最大になり，また，y 偏光と x 偏光の透過光成分の強度差を測定することにより，バランス検出が可能となる．図 3.6 に示したように，試料の後に 4 分の波長板を挿入し，出力側の偏光板を回転させることによっても，同等の測定ができる．

図 4.18 の中の 4 分の波長板を取り去ると，プローブ光に対して，同位相の局部発振光をつくることができるので，直線偏光励起の場合は $\chi^{(3)}$ の虚部を，円偏光励起では実部を検出することができる．この場合にも，出力側の偏光板を回転させることによっても，同等の測定ができる．また，出力側の偏光板を $\pi/4$ 回転させることで，バランス検出が可能である．

非線形分光学

光を周波数成分ごとに分けたスペクトルを観測することによって，対象物のいろいろな性質について調べる研究分野を，分光学（spectroscopy）という．非線形光学過程を用いた分光学は，非線形分光と呼ばれ，多彩な内容を含んでいる．対象物質に関する詳細な情報を得るために，非線形光学のあらゆる手法が用いられている．例をいくつか挙げてみよう．

2 光子吸収を用いて，ドップラーシフトの影響を取り除き，分子一つ一つのスペクトルを測定することができる．縮退 4 光波混合の一種であるフォトンエコー（photon echo）を用いても，同様の情報が得られる．超短光パルスを用いて，各種の非線形光学現象を時間を追って観測することで，対象物質の中で起きている超高速現象を，時間分解して観測することができる．ある波長の光で分子をあらかじめ励起しておき，さらに別の波長の光で励起することにより，

通常は実現できない状態をつくり出し，さらにそれを観測することができる．2光子吸収による蛍光を観測することにより，3次元的に高い空間分解能で生体などの顕微観測をすることができる．

　本章で取り上げたコヒーレント・ラマン散乱も，レーザー光の波長変換に用いられるばかりでなく，非線形分光測定の手段として広く用いられている．ラマン散乱を観測すると，分子振動などの周波数のスペクトルが得られるので，ラマン分光は，分子の結合の強さを調べたり，分子の種類を特定したりといったいろいろな目的に用いられている．コヒーレント・ラマン散乱は線形なラマン散乱と比べて，散乱光が強い，散乱光に指向性があり発光性の試料などにも適用できる，時間分解測定が可能である，ラマン分極率の実部と虚部を分離して観測できる，といった特徴がある．本章で紹介した各種のコヒーレント・ラマン散乱現象は，それぞれの特徴を生かして，いろいろな分光測定に用いられている．

参考文献

[1]　M. D. Levenson and S. S. Kano：*Introduction to Nonlinear Laser Spectroscopy*, Rev. ed.(Academic Press, Lodon, 1988)，宅間宏 監訳，狩野覚・狩野秀子 共訳：「非線形レーザー分光学」(オーム社，1988)．

[2]　大成誠之助：「固体スペクトロスコピー」(裳華房，1994)．

章末問題

　直線偏光および円偏光の光で励起されている等方的媒質において，ラマン誘起

カー効果が生じているとする．このとき，媒質の実効的な誘電率テンソルとジョーンズ行列はどのように表されるか．特に，円偏光励起の場合に，ジョーンズ行列が対称行列ではなくなること，すなわち実効的に光学活性が生じることを確かめよ．

第5章
非線形光学過程の一般論

　非線形感受率の定義や，一般的な性質については，ここまで厳密な扱いを避けてきた．この章では，それらをより厳密に記述することにする．また，4次以上の高次の非線形光学効果について述べる．さらに，非線形感受率を微視的な立場から理解するために必要な，超分極率と局所場効果について，簡単に述べる．これは，どの次数の非線形光学過程にも共通した事項である．

5.1 一般的な非線形感受率の定義

5.1.1 線形感受率

　入射光の電場に対して，物質内に生じる分極が比例する場合，
$$P(t) = \varepsilon_0 \chi E(t) \tag{5.1}$$
のように，電場と分極との間の比例係数として，線形感受率が定義される．しかしこの表式は，それぞれの時刻における分極が同じ時刻における電場に比例することを示している．物質が何らかのエネルギー構造を持っているときは，この関係は厳密には成り立たない．より一般的には，ある時刻における分極は，それより以前のすべての時刻の電場の影響を受けている可能性が

ある.このことを考慮すると,分極は

$$P(t) = \varepsilon_0 \int_{-\infty}^{t} dt' R(t-t') E(t')$$
$$= \varepsilon_0 \int_{0}^{\infty} d\tau R(\tau) E(t-\tau) \qquad (5.2)$$

のように,**線形応答関数** $R(\tau)$ を用いた積分で表される.さらに,負の時間に対する応答関数を,

$$R(t) = 0 \qquad (t<0) \qquad (5.3)$$

とすることで,(5.2) は,

$$P(t) = \varepsilon_0 \int_{-\infty}^{\infty} d\tau R(\tau) E(t-\tau) \qquad (5.4)$$

と積分範囲を広げて,たたみ込みの形に表すことができる.

電場と分極のフーリエ変換を

$$E(t) = \int_{-\infty}^{\infty} E(\omega) \exp(-i\omega t)\, d\omega \qquad (5.5)$$

$$E(\omega) = \frac{1}{2\pi} \int_{-\infty}^{\infty} E(t) \exp(i\omega t)\, dt \qquad (5.6)$$

$$P(t) = \int_{-\infty}^{\infty} P(\omega) \exp(-i\omega t)\, d\omega \qquad (5.7)$$

$$P(\omega) = \frac{1}{2\pi} \int_{-\infty}^{\infty} P(t) \exp(i\omega t)\, dt \qquad (5.8)$$

のように定義することにしよう.応答関数のフーリエ変換により

$$\chi(\omega) = \int_{-\infty}^{\infty} R(\tau) \exp(i\omega t)\, d\tau \qquad (5.9)$$

を定義する.すると,(5.4) をフーリエ変換して,

$$P(\omega) = \varepsilon_0 \chi(\omega) E(\omega) \qquad (5.10)$$

が得られる.ここで,二つの関数のたたみ込みのフーリエ変換は,それぞれの関数のフーリエ変換の積に等しいという関係を用いた.この $\chi(\omega)$ が周波数に依存する感受率である.分極が時々刻々の電場の値に比例する場合は,

5.1 一般的な非線形感受率の定義

(5.4) の応答関数はデルタ関数 $\delta(\tau)$ を使って

$$R(\tau) = \chi \delta(\tau) \tag{5.11}$$

と表すことができる．この場合，感受率は周波数に依存しない定数となり，(5.10) は，

$$\boldsymbol{P}(\omega) = \varepsilon_0 \chi \, \boldsymbol{E}(\omega) \tag{5.12}$$

となる．

ここまでは，電場と分極がベクトルであることをあらわに考慮していなかった．それを考慮すると，応答関数や感受率は2階のテンソルとなり，上の諸式は，

$$P_i(t) = \varepsilon_0 \sum_j \int_{-\infty}^{\infty} d\tau \, R_{ij}(\tau) \, E_j(t-\tau) \tag{5.13}$$

$$\chi_{ij}(\omega) = \int_{-\infty}^{\infty} R_{ij}(\tau) \exp(i\omega t) \, d\tau \tag{5.14}$$

$$P_i(\omega) = \varepsilon_0 \sum_j \chi_{ij}(\omega) \, E_j(\omega) \tag{5.15}$$

となる．

5.1.2 2次の非線形感受率

分極を電場のベキで展開したうちの，電場の2次に比例する部分は，一般に

$$P_i^{(2)}(t) = \varepsilon_0 \sum_{jk} \int_0^{\infty} d\tau_1 \int_0^{\infty} d\tau_2 \, R_{ijk}^{(2)}(\tau_1;\tau_2) \, E_j(t-\tau_1) \, E_k(t-\tau_2) \tag{5.16}$$

のように表される．2次の応答関数 $R_{ijk}^{(2)}(\tau_1;\tau_2)$ の負の時間での値をゼロであると定義することで，上の式を，

$$P_i^{(2)}(t) = \varepsilon_0 \sum_{jk} \int_{-\infty}^{\infty} d\tau_1 \int_{-\infty}^{\infty} d\tau_2 \, R_{ijk}^{(2)}(\tau_1;\tau_2) \, E_j(t-\tau_1) \, E_k(t-\tau_2) \tag{5.17}$$

のように積分範囲を広げておく．この式の右辺で，(j,τ_1) と (k,τ_2) の組を入れ替えても電場の積の部分が変わらないので，応答関数は，このような入れ替えに対して，対称になるように決めておく．すなわち，

$$R^{(2)}_{ijk}(\tau_1;\tau_2) = R^{(2)}_{ikj}(\tau_2;\tau_1) \tag{5.18}$$

とする．このような対称性を，**固有置換対称性**（intrinsic permutation symmetry）という．

(5.17) をフーリエ変換することで，

$$P^{(2)}_i(\omega) = \varepsilon_0 \sum_{jk} \int_{-\infty}^{\infty} d\omega'\, \chi^{(2)}_{ijk}(\omega;\omega-\omega',\omega') E_j(\omega-\omega') E_k(\omega') \tag{5.19}$$

が得られる．あるいは，

$$P^{(2)}_i(t) = \varepsilon_0 \sum_{jk} \int_{-\infty}^{\infty} d\omega_1 \int_{-\infty}^{\infty} d\omega_2\, \chi^{(2)}_{ijk}(\omega_1+\omega_2;\omega_1,\omega_2) E_j(\omega_1) E_k(\omega_2) \\ \times \exp[-i(\omega_1+\omega_2)t] \tag{5.20}$$

のように表すこともできる．ここで，

$$\chi^{(2)}_{ijk}(\omega_1+\omega_2;\omega_1,\omega_2) \equiv \int_{-\infty}^{\infty} d\tau_1 \int_{-\infty}^{\infty} d\tau_2 \exp[i(\omega_1\tau_1+\omega_2\tau_2)] R^{(2)}_{ijk}(\tau_1;\tau_2) \tag{5.21}$$

は，2 次の非線形感受率である．上記の 2 次の応答関数に対する固有置換対称性の要求より，2 次の非線形感受率は，(j,ω_1) と (k,ω_2) の組の入れ替えに対して値が変わらない．すなわち，

$$\chi^{(2)}_{ijk}(\omega_1+\omega_2;\omega_1,\omega_2) = \chi^{(2)}_{ikj}(\omega_1+\omega_2;\omega_2,\omega_1) \tag{5.22}$$

が成り立つ．これが，2 次の非線形感受率に対する固有置換対称性である．

5.1.3 n 次の非線形感受率

n 次の分極は,一般に n 次の応答関数と n 個の電場を用いて,

$$P_i^{(n)}(t) = \varepsilon_0 \sum_{\alpha_1 \cdots \alpha_n} \int_{-\infty}^{\infty} d\tau_1 \cdots \int_{-\infty}^{\infty} d\tau_n R_{i\alpha_1 \cdots \alpha_n}^{(n)}(\tau_1, \cdots, \tau_n) E_{\alpha_1}(t-\tau_1) \cdots E_{\alpha_n}(t-\tau_n)$$
(5.23)

と表される.ここで添字の i と α_n は,それぞれの電場ベクトルの偏光成分を示す.これをフーリエ変換することにより,

$$P_i^{(n)}(\omega) = \varepsilon_0 \sum_{\alpha_1 \cdots \alpha_n} \int_{-\infty}^{\infty} d\omega_2 \cdots \int_{-\infty}^{\infty} d\omega_n \chi_{i\alpha_1 \cdots \alpha_n}^{(n)}(\omega; \omega - \sum_{j=2}^{n} \omega_j, \cdots, \omega_n)$$
$$\times E_{\alpha_1}(\omega - \sum_{j=2}^{n} \omega_j) E_{\alpha_2}(\omega_2) \cdots E_{\alpha_n}(\omega_n)$$
(5.24)

が得られる.あるいは,

$$P_i^{(n)}(t) = \varepsilon_0 \sum_{\alpha_1 \cdots \alpha_n} \int_{-\infty}^{\infty} d\omega_1 \cdots \int_{-\infty}^{\infty} d\omega_n$$
$$\times \chi_{i\alpha_1 \cdots \alpha_n}^{(n)}(\omega_\sigma; \omega_1, \cdots, \omega_n) E_{\alpha_1}(\omega_1) \cdots E_{\alpha_n}(\omega_n) \exp(-i\omega_\sigma t)$$
(5.25)

とも表すことができる.ここで,

$$\chi_{i\alpha_1 \cdots \alpha_n}^{(n)}(\omega_\sigma; \omega_1, \cdots, \omega_n)$$
$$\equiv \int_{-\infty}^{\infty} d\tau_1 \cdots \int_{-\infty}^{\infty} d\tau_n \exp[i(\omega_1 \tau_1 + \cdots + \omega_n \tau_n)] R_{i\alpha_1 \cdots \alpha_n}^{(n)}(\tau_1, \cdots, \tau_n)$$
(5.26)

が n 次の非線形感受率である.なお,

$$\omega_\sigma \equiv \sum_{j=1}^{n} \omega_j \tag{5.27}$$

である.

5.1.4 超分極率

媒質の非線形光学的な性質が，その媒質を構成する個々の原子や分子の非線形光学的性質によって決まっている場合は，一つ一つの原子や分子の光に対する応答の様子がわかれば，媒質全体の応答もわかることになる．原子や分子の非線形光学応答は，**超分極率**（hyperpolarizability）によって記述される．そのような場合について簡単に見ておこう．

光電場 E によって原子や分子に生じる電気双極子モーメント（electric dipole moment）を p とすると，応答が線形な範囲では，分極率（polarizability）テンソル α_{ij} を用いて，電気双極子モーメントの各成分は

$$p_i = \sum_j \alpha_{ij} E_j \tag{5.28}$$

と表される．それに対して非線形な応答は，電場の高次の項を導入することにより，

$$p_i = \sum_j \alpha_{ij} E_j + \sum_{jk} \beta_{ijk} E_j E_k + \sum_{jkl} \gamma_{ijkl} E_j E_k E_l + \cdots \tag{5.29}$$

のように表される．ここで β, γ は，それぞれ 2 次の超分極率，3 次の超分極率と呼ばれる．分子の密度 N が小さく，分子間の相互作用が無視できる場合は，媒質中の分極 P は，以下のように与えられる．

$$P = Np \tag{5.30}$$

5.2 局所場効果

5.2.1 線形光学における局所場効果

媒質の密度が高く，媒質を構成している原子・分子の間の距離が短い場合，それぞれの分子がつくる電気双極子から発生する電磁場が他の分子に与える

5.2 局所場効果

影響が無視できなくなる．このとき，それぞれの分子が実際に感じる電場は，マクスウェル方程式に現れる巨視的な電場とは異なる．巨視的電場に対し，分子が感じる電場を**局所場** (local field) あるいは**実効電場** (effective field) という．巨視的電場は，分子に比べて大きな空間領域での平均的な電場である．巨視的電場を E，媒質に生じる分極を P としたとき，電磁気学的な考察（章末の参考文献 [1]，[2]）により，分子が感じる局所場 E_loc は，

$$E_\mathrm{loc} = E + \frac{P}{3\varepsilon_0} \tag{5.31}$$

と表されることが知られている．この式で与えられる局所場を，**ローレンツの局所場** (Lorentz local field) という．この式の $P/(3\varepsilon_0)$ の部分が，周りの分子の電気双極子モーメントの影響をすべて足し合わせたものである．

分子の分極率を α とすると，分子に生じる電気双極子モーメント p は，

$$p = \alpha E_\mathrm{loc} \tag{5.32}$$

で与えられる．一方，媒質の分極は，単位体積当りの電気双極子モーメントの空間密度であるから，

$$P = Np = N\alpha\left(E + \frac{P}{3\varepsilon_0}\right) \tag{5.33}$$

と表される．これより，巨視的電場と分極との間に

$$P = \frac{N\alpha}{1 - N\alpha/3\varepsilon_0} E \tag{5.34}$$

の関係が得られる．分極は媒質の誘電率 ε を用いて

$$P = (\varepsilon - \varepsilon_0) E \tag{5.35}$$

と表されるので，誘電率と分子分極率との間の関係が，

$$\frac{\varepsilon - \varepsilon_0}{\varepsilon + 2\varepsilon_0} = \frac{N\alpha}{3\varepsilon_0} \tag{5.36}$$

のように得られる．この関係を，**クラウジウス-モソッティの関係式** (Clausius-Mossotti relation) という．また，この式を媒質の屈折率を用いて

書き直した関係式

$$\frac{n^2-1}{n^2+2} = \frac{N\alpha}{3\varepsilon_0} \tag{5.37}$$

は，ローレンツ–ローレンスの式（Lorentz–Lorenz equation）と呼ばれる．

分極と巨視的電場との関係は (5.36) より，

$$P = \frac{\varepsilon + 2\varepsilon_0}{3\varepsilon_0} N\alpha E \tag{5.38}$$

のように表すこともできる．この式は，それぞれの分子が独立に存在すると見なした場合に得られる分極に対して，実際の分極は因子

$$f_\mathrm{L} = \frac{\varepsilon + 2\varepsilon_0}{3\varepsilon_0} \tag{5.39}$$

を乗じたものになることを意味している．この因子 f_L を，**局所場補正因子**（local-field correction factor）または局所場増強因子（local-field enhancement factor）という．誘電率 ε は周波数に依存するので，周波数を明示する必要がある場合は，

$$f_\mathrm{L}(\omega) = \frac{\varepsilon(\omega) + 2\varepsilon_0}{3\varepsilon_0} \tag{5.40}$$

と書くことにする．

5.2.2　非線形光学における局所場効果

非線形光学における局所場補正の効果について考察しよう．いま，媒質の分極を線形分極と非線形分極とに分けて，

$$P = P^\mathrm{L} + P^\mathrm{NL} \tag{5.41}$$

と表す．ここで，P^L は，分子が感じる局所場に対する分子の線形な応答による寄与とする．これは，

$$P^\mathrm{L} = N\alpha E_\mathrm{loc} \tag{5.42}$$

と表される．ただし，局所場 E_loc 自体は，非線形分極による影響を含んでい

ることに注意しなければならない．それに対して，P^{NL} は，局所場に対する分子の非線形な応答によって直接生じる分極である．

(5.42) の E_{loc} に (5.31) を代入し，(5.41) を用いると，

$$P^{\mathrm{L}} = N\alpha\left(E + \frac{P^{\mathrm{L}}}{3\varepsilon_0} + \frac{P^{\mathrm{NL}}}{3\varepsilon_0}\right) \tag{5.43}$$

の関係が得られる．これを P^{L} に関して解いて，(5.34) と (5.35) を用いれば，

$$P^{\mathrm{L}} = (\varepsilon - \varepsilon_0)\left(E + \frac{P^{\mathrm{NL}}}{3\varepsilon_0}\right) \tag{5.44}$$

が得られるので，電束密度 D は，

$$\begin{aligned}D &= \varepsilon_0 E + P \\ &= \varepsilon E + \frac{\varepsilon + 2\varepsilon_0}{3\varepsilon_0}P^{\mathrm{NL}}\end{aligned} \tag{5.45}$$

と表される．この D をマクスウェル方程式に代入することで，(1.42) のような非線形伝搬方程式が得られる．このことより，非線形伝搬方程式において新たな電磁波発生の元となる非線形分極の項は，局所場補正を考慮しない場合の項に，局所場補正因子 f_{L} を掛けたものになることがわかる．すなわち，このようにして得られる非線形伝搬方程式は，

$$\nabla^2 E = \varepsilon\mu_0\frac{\partial^2 E}{\partial t^2} + \mu_0\frac{\partial^2 P^{\mathrm{NLS}}}{\partial t^2} \tag{5.46}$$

$$P^{\mathrm{NLS}} = f_{\mathrm{L}}(\omega)P^{\mathrm{NL}} \tag{5.47}$$

と表される．ここで，ω は，非線形分極の角周波数である．

非線形分極は，それぞれの分子の非線形な応答によって生じる電気双極子モーメント p^{NL} を用いて，

$$P^{\mathrm{NL}} = Np^{\mathrm{NL}} \tag{5.48}$$

と表される．この p^{NL} は，(5.29) のように入射光の電場と分子の超分極率とで表されるが，そこで用いられる電場は，巨視的電場ではなく局所場でなけ

ればならない.すなわち,例えば2次の非線形分極の場合では,

$$\boldsymbol{p}^{\mathrm{NL}}(\omega_1 + \omega_2) = \beta[f_{\mathrm{L}}(\omega_1)E(\omega_1)][f_{\mathrm{L}}(\omega_2)E(\omega_2)] \quad (5.49)$$

のようになる.これと(5.47)とを組み合わせると,非線形感受率は,超分極率を用いて

$$\chi^{(2)}(\omega_1 + \omega_2; \omega_1, \omega_2) = f_{\mathrm{L}}(\omega_1 + \omega_2)f_{\mathrm{L}}(\omega_1)f_{\mathrm{L}}(\omega_2)N\beta \quad (5.50)$$

のように表すことができる.

5.3 n 次の非線形光学現象

一般に n 次の非線形光学過程においては,n 次の非線形感受率の存在によって,角周波数 $\omega_i \, (i = 1, \cdots, n)$ の成分を持つ入射電場により角周波数 $\omega_p = \sum_{i=1}^{n}(\pm \omega_i)$ を持つ非線形分極が発生する(ここで,$\pm$ はそれぞれの i について $+$ と $-$ のどちらを取ってもよいこととする).その結果,それらの入射電場と ω_p の電場との間で混合が起きるので,この過程を一般に $(n+1)$ 光波混合($(n+1)$-wave mixing)と呼ぶことがある.このとき入射電場の波数ベクトルを $\boldsymbol{k}_i \, (i = 1, \cdots, n)$ とすると,非線形分極は波数ベクトル $\boldsymbol{k}_p = \sum_{i=1}^{n}(\pm \boldsymbol{k}_i)$ を持つ.したがって,この $(n+1)$ 光波混合過程によって新たに発生する電場は角周波数 $\omega_r = \omega_p$ を持ち,またその波数ベクトル $\boldsymbol{k}_r$ が $\boldsymbol{k}_r = \boldsymbol{k}_p$ を満たすときに,電場が伝搬距離に比例して大きくなる.すなわち,この場合の位相整合条件は

$$\boldsymbol{k}_r = \sum_{i=1}^{n}(\pm \boldsymbol{k}_i) \quad (5.51)$$

であり,このとき角周波数に関しては,

$$\omega_r = \sum_{i=1}^{n}(\pm \omega_i) \quad (5.52)$$

が成り立つ.ここで,上の二つの等式の総和における符号は $\pm$ のどちらを取ってもよいが,$\boldsymbol{k}_r$ の式と ω_r の式とで同じ i に対しては共通にする必要がある.

$(n+1)$ 光波混合過程を光子描像で考えると，角周波数 $\omega_i\,(i=1,\cdots,n)$ を持つ光子がそれぞれ消滅したり生成したりした結果，角周波数 ω_p の光子が一つ生成されたと見なすことができる．そのように考えると，(5.52) は光子の間のエネルギー保存則を，また (5.51) は運動量保存則を表している．

5.4 高次高調波発生

非常に高強度の超短光パルスを物質に照射することにより，数十次におよぶ高次高調波の発生が観測されている．このような場合には，本書で用いてきた摂動の考え方が適用できないので，まったく別の考察が必要である．

原子内に存在する電場に比べて，外から入射する光による電場が小さければ，その電場の次数ごとに物質の応答を考える摂動法が有効である．1.2 節で述べたように，原子内の電子には，典型的に $E_{\mathrm{at}} = 5.1 \times 10^9$ V/cm 程度の電場が掛かっているので，光強度が $I = 3.5 \times 10^{16}$ W/cm^2 まで高くなると，光電場が原子内電場に等しくなる．最先端のレーザー増幅システムを用いると 10^{20} W/cm^2 以上の光強度が実現できるので，そのような条件では光電場が原子内電場よりもはるかに強くなる．

高強度超短光パルス照射による高次高調波発生は，次のように説明されている．図 5.1 のように，原子内の電子は，非常に強い光の電場によって原子核から十分遠距離にまで引き離される．その後，振動している光電場の向きが反転すると，今度は原子核の位置にまで引き戻される．このような運動を照射光（角周波数を ω とする）の振動の周期で繰り返すことになる．すると電子は，ほとんどの時間は光電場のみに影響されて運動するが，原子核の近くにいるときだけ原子核との相互作用により，その運動が変調を受け電磁波

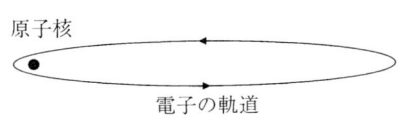

図 5.1 超強力・超短光パルスによる高次高調波発生における電子の軌跡

を放射する．電子が原子核と相互作用する時間は，電子の運動の周期に比べて非常に短いので，放射される電磁波は非常に広いスペクトルを持つことになる．また，その現象は励起光の振動と同じ周期で繰り返されるので，スペクトルは，ω の整数倍の角周波数にピークを持つ．また系全体の対称性から，偶数次のピークは打ち消し合うので，実際に観測されるのは奇数次の高調波のみとなる．

アト秒パルス

ここで述べたような高次高調波を用いると，極限的に短い時間幅を持つ光パルスをつくり出すことができる．その方法を簡単に述べよう．

一般にモード同期の手法を用いたレーザー発振によって，ピコ秒（10^{-12} s）からフェムト秒（10^{-15} s）の領域の超短光パルスを発生することができる．しかし，可視光の1周期の時間はおよそ2フェムト秒程度なので，可視光を使う限りは，時間幅が数フェムト秒以下のパルスをつくることは原理的に不可能である．そこで，より短い光パルスを発生させるために紫外光を用いることにする．紫外光の超短光パルスを直接発生できるようなレーザー媒質は，いまのところ知られていないので，まずは近赤外の波長で超短光パルスを発生できるレーザー媒質を用いて，ほぼ1周期しか持続しないような超短光パルスを発生させ，それをさらに増幅する．それを使って高次高調波を発生させると，それぞれの次数の高調波は，同じタイミングで発生ししかもその振動の位相が揃っている．したがって，それらをすべて重ね合わせると，非常に短い波束が出来上がる．このような方法で，100 アト秒（100×10^{-18} s）以下の時間幅を持つ超短光パルスの発生が実現している．

そのような極限的に短い光パルスを用いると，化学反応が起きている途中の分子の中の原子の動きや，電子の波動関数の時々刻々の変化を，追跡して観測したりすることが可能になる．

参考文献

[1] M. Born and E. Wolf: *Principles of Optics*, 7th ed. (Cambridge University Press, Cambridge, 1999).
[2] 宇野良清 他訳:「キッテル 固体物理学入門」(丸善, 第8版, 2005)

章末問題

2.3節と2.10.2項に記されているように, 非調和振動子模型によると, 非線形感受率を線形感受率を用いて表すことができる. それらの表式の導出の過程で, 局所場補正の効果がどのように扱われているか, 考察せよ.

付録

- A．テンソル
- B．マクスウェル方程式と線形光学
- C．偏光とジョーンズベクトル
- D．結晶光学
- E．ガウス単位系と静電単位
- F．非線形感受率のさまざまな定義

付録 A

テンソル

　誘電率や非線形感受率，電気光学定数など，ベクトルとベクトルの間の比例関係を表す量は，一般にテンソル (tensor) と呼ばれる．ここでは，テンソルの一般的な性質について簡単にまとめておく．

A.1　ベクトル

　初めにベクトルの性質について，簡単にまとめておく．一般に速度，電場，分極など，大きさと方向を持った量がベクトルである．ここでは，3次元空間におけるベクトルのみを考えることにする．ベクトルは，図 A.1 のような直交座標系の点に，原点から引かれた矢印付きの線分として表すことができる．直交座標系の x 軸，y 軸，z 軸はお互いに直交している．また，図のように z 軸の周りに x 方向から y 方向に向けて右ねじを回転させると，ねじが z 方向に進

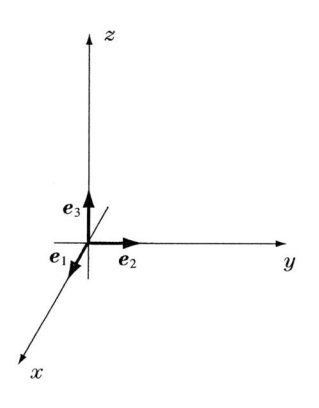

図 A.1　直交座標系

A.1 ベクトル

むように，それぞれの軸を配置することが標準的であり，これを右手系という．x軸，y軸，z軸それぞれの方向の単位ベクトルe_1, e_2, e_3は，この座標系の**基本ベクトル**と呼ばれ，基本ベクトルの組$\{e_1, e_2, e_3\}$をこの座標系の**基底**(basis)という．この空間のベクトルvは，基本ベクトルを用いて，

$$v = v_1 e_1 + v_2 e_2 + v_3 e_3 \tag{A.1}$$

のように表され，v_1, v_2, v_3は，ベクトルvのこの座標系における成分という．これらの成分をまとめて，ベクトルを

$$v = \begin{pmatrix} v_1 \\ v_2 \\ v_3 \end{pmatrix} \tag{A.2}$$

のように表すことも多い．

いま，図A.2のように$\{e_1, e_2, e_3\}$とは別に，互いに直交する単位ベクトルの組$\{e_1', e_2', e_3'\}$を新たに取って，これを基底とする座標系を考える．元の座標系の基本ベクトルが，新しい座標系の基本ベクトルで，

$$e_1 = a_{11} e_1' + a_{21} e_2' + a_{31} e_3' \tag{A.3}$$

$$e_2 = a_{12} e_1' + a_{22} e_2' + a_{32} e_3' \tag{A.4}$$

$$e_3 = a_{13} e_1' + a_{23} e_2' + a_{33} e_3' \tag{A.5}$$

と表されるとする．(A.3)～(A.5)は，まとめて

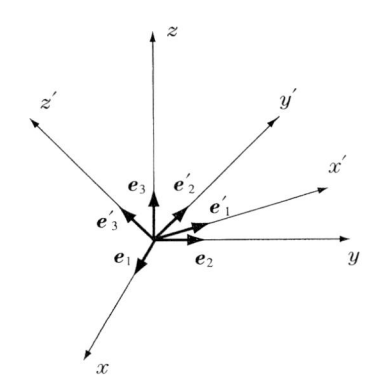

図A.2 直交座標系の座標変換

$$e_i = \sum_j a_{ji} e'_j \tag{A.6}$$

と表すこともできる．

この新しい座標系で，ベクトル v の成分が，

$$v = \begin{pmatrix} v'_1 \\ v'_2 \\ v'_3 \end{pmatrix} \tag{A.7}$$

となったとする．このことは，

$$v = v'_1 e'_1 + v'_2 e'_2 + v'_3 e'_3 \tag{A.8}$$

とも表せる．(A.3)～(A.5) を (A.1) に代入して (A.8) と比較することにより，新しい座標系でのベクトルの成分は，元の座標系での成分を用いて

$$\begin{pmatrix} v'_1 \\ v'_2 \\ v'_3 \end{pmatrix} = \begin{pmatrix} a_{11} & a_{12} & a_{13} \\ a_{21} & a_{22} & a_{23} \\ a_{31} & a_{32} & a_{33} \end{pmatrix} \begin{pmatrix} v_1 \\ v_2 \\ v_3 \end{pmatrix} \tag{A.9}$$

と表されることがわかる．この式は

$$v'_i = \sum_j a_{ij} v_j \tag{A.10}$$

と書くこともできる．このように座標系の基底を変換することを**座標変換**といい，ここで得られた正方行列

$$A = \begin{pmatrix} a_{11} & a_{12} & a_{13} \\ a_{21} & a_{22} & a_{23} \\ a_{31} & a_{32} & a_{33} \end{pmatrix} \tag{A.11}$$

を座標変換の行列という．

座標変換の行列は直交行列であることを以下に示す．$\{e_1, e_2, e_3\}$ と $\{e'_1, e'_2, e'_3\}$ が直交座標の基底であることから，

$$e_i \cdot e_j = \delta_{ij} \tag{A.12}$$

$$e'_i \cdot e'_j = \delta_{ij} \tag{A.13}$$

が成り立つ．ここで δ_{ij} は，クロネッカーのデルタ (Kronecker delta) であり，i と j が等しいときは 1，それ以外のときはゼロとなる．(A.12) に (A.3) ～ (A.5) を代入して (A.13) を用いることで，

$$\sum_k a_{ki} a_{kj} = \delta_{ij} \tag{A.14}$$

が得られる．この式は，行列 A とその転置行列

$${}^t A = \begin{pmatrix} a_{11} & a_{21} & a_{31} \\ a_{12} & a_{22} & a_{32} \\ a_{13} & a_{23} & a_{33} \end{pmatrix} \tag{A.15}$$

との積が単位行列であること，すなわち

$$ {}^t A A = A {}^t A = \begin{pmatrix} 1 & 0 & 0 \\ 0 & 1 & 0 \\ 0 & 0 & 1 \end{pmatrix} \tag{A.16}$$

となることを示している．このような性質を持つ行列を直交行列という．

　右手系から右手系への座標変換は，原点を通る直線の周りの回転によって実現できることが示される．これらについては，一般の線形代数の教科書に詳しく記載されているので参照するとよいだろう．

A.2　2 階のテンソル

　テンソルは，いろいろな仕方で定義されるが，その一つの定義は，以下のようなものである．

　いま，任意のベクトル u に対してベクトルを与える関数 $T(u)$ があって，その関係が線形であるとき，T を **2 階のテンソル**という．線形であるとは，具体的には

$$T(u + v) = T(u) + T(v) \tag{A.17}$$

$$T(au) = aT(u) \tag{A.18}$$

が成り立つことである.ただし,ここで v は任意のベクトル,a は任意のスカラーとする.いま,ベクトル u, v を直交正規化された基底 $\{e_1, e_2, e_3\}$ によって

$$u = \sum_i u_i e_i = u_1 e_1 + u_2 e_2 + u_3 e_3 = \begin{pmatrix} u_1 \\ u_2 \\ u_3 \end{pmatrix} \qquad (\mathrm{A}.19)$$

$$v = \sum_i v_i e_i = v_1 e_1 + v_2 e_2 + v_3 e_3 = \begin{pmatrix} v_1 \\ v_2 \\ v_3 \end{pmatrix} \qquad (\mathrm{A}.20)$$

と表すことにしよう.基底ベクトル e_1, e_2, e_3 に対する関数 $T(e_j)$ の値を

$$T(e_j) = \sum_i T_{ij} e_i \qquad (\mathrm{A}.21)$$

とおくと,テンソル T を特徴づける9個の値の組

$$\begin{pmatrix} T_{11} & T_{12} & T_{13} \\ T_{21} & T_{22} & T_{23} \\ T_{31} & T_{32} & T_{33} \end{pmatrix} \qquad (\mathrm{A}.22)$$

が得られる.これらをテンソル T の成分という.任意のベクトル u に対して,$T(u)$ の成分を

$$T(u) = \sum_i x_i e_i = \begin{pmatrix} x_1 \\ x_2 \\ x_3 \end{pmatrix} \qquad (\mathrm{A}.23)$$

とすると,線形性より,

$$T(u) = \sum_{ij} T_{ij} u_j e_i \qquad (\mathrm{A}.24)$$

が得られる.この関係は,行列の形で

$$\begin{pmatrix} x_1 \\ x_2 \\ x_3 \end{pmatrix} = \begin{pmatrix} T_{11} & T_{12} & T_{13} \\ T_{21} & T_{22} & T_{23} \\ T_{31} & T_{32} & T_{33} \end{pmatrix} \begin{pmatrix} u_1 \\ u_2 \\ u_3 \end{pmatrix} \qquad (\mathrm{A}.25)$$

A.2 2階のテンソル

あるいは

$$x_i = \sum_j T_{ij} u_j \tag{A.26}$$

と表すこともできる．これより，2階のテンソルは正方行列によって表されることが示された．

誘電率，電気感受率などは，ベクトルとベクトルの間の線形な関係を表す量であるから，2階のテンソルとなる．

以下に，座標変換によって2階のテンソルの成分がどのように変換されるかを見ておく．前節の座標変換によって，ベクトル $\boldsymbol{u}$ と $T(\boldsymbol{u})$ がそれぞれ

$$\begin{pmatrix} u'_1 \\ u'_2 \\ u'_3 \end{pmatrix} = A \begin{pmatrix} u_1 \\ u_2 \\ u_3 \end{pmatrix} \tag{A.27}$$

$$\begin{pmatrix} x'_1 \\ x'_2 \\ x'_3 \end{pmatrix} = A \begin{pmatrix} x_1 \\ x_2 \\ x_3 \end{pmatrix} \tag{A.28}$$

と変換されるので，(A.27) の両辺に左から ${}^tA$ を掛けて (A.25) に代入し，それを (A.28) に代入することで，

$$\begin{pmatrix} x'_1 \\ x'_2 \\ x'_3 \end{pmatrix} = A \begin{pmatrix} T_{11} & T_{12} & T_{13} \\ T_{21} & T_{22} & T_{23} \\ T_{31} & T_{32} & T_{33} \end{pmatrix} {}^tA \begin{pmatrix} u'_1 \\ u'_2 \\ u'_3 \end{pmatrix} \tag{A.29}$$

が得られる．この式は，新しい座標系におけるテンソル T の成分が

$$\begin{pmatrix} T'_{11} & T'_{12} & T'_{13} \\ T'_{21} & T'_{22} & T'_{23} \\ T'_{31} & T'_{32} & T'_{33} \end{pmatrix} = A \begin{pmatrix} T_{11} & T_{12} & T_{13} \\ T_{21} & T_{22} & T_{23} \\ T_{31} & T_{32} & T_{33} \end{pmatrix} {}^tA \tag{A.30}$$

と表されることを示している．この式を各成分について書くと，

$$T'_{ij} = \sum_{kl} a_{ik} a_{jl} T_{kl} \tag{A.31}$$

となる．

A.3　高階のテンソル

3階のテンソルは,以下のように定義することができる.いま,任意のベクトルuとvに対してベクトルを対応させる関数$T(u,v)$があって,それが双線形性

$$T(hu+ku',v) = hT(u,v) + kT(u',v) \tag{A.32}$$

$$T(u,hv+kv') = hT(u,v) + kT(u,v') \tag{A.33}$$

を満たすとき,Tを3階のテンソルという.ただしここで,h,kは任意のスカラーである.座標系の基本ベクトルに対する関数の値を

$$T(e_j,e_k) = \sum_i T_{ijk} e_i \tag{A.34}$$

とすると,

$$u = \sum_i u_i e_i \tag{A.35}$$

$$v = \sum_i v_i e_i \tag{A.36}$$

に対して,$T(u,v)$の成分は

$$T(u,v) = \sum_i \sum_{jk} T_{ijk} u_j v_k e_i \tag{A.37}$$

によって与えられる.ここに現れるT_{ijk}がテンソルTの成分と呼ばれる.

2次の非線形感受率や,電気光学係数などは,3階のテンソルである.

3階のテンソルは,座標変換によって,

$$T'_{ijk} = \sum_{lmn} a_{il} a_{jm} a_{kn} T_{lmn} \tag{A.38}$$

のように変換される.

より高階のテンソルも同様にして定義することができる.

付録 B
マクスウェル方程式と線形光学

　ここでは，線形光学の範囲での電磁波と物質の光学的性質について，基本的な項目を記述しておく．媒質の磁性的な性質は考慮せず，媒質の透磁率は真空の透磁率 μ_0 に等しいとする．

B.1　マクスウェル方程式と電磁波

　まずは，電場と磁場の振舞を記述する基本方程式である**マクスウェル方程式** (Maxwell equations) から出発して，物質中の電磁波について調べておこう．

　磁性体でない媒質中でのマクスウェル方程式は，

$$\nabla \times E = -\mu_0 \frac{\partial H}{\partial t} \tag{B.1}$$

$$\nabla \times H = \varepsilon_0 \frac{\partial E}{\partial t} + J \tag{B.2}$$

$$\varepsilon_0 \nabla \cdot E = \rho \tag{B.3}$$

$$\nabla \cdot H = 0 \tag{B.4}$$

と表される．ここで E と H は**電場** (electric field) と**磁場** (magnetic field)

であり，J と ρ はそれぞれ**電流密度** (current density) と**電荷密度** (charge density) である．ε_0 は**真空の誘電率** (vacuum permittivity) である．ベクトル演算に関する恒等式 $\nabla \cdot \nabla \times H = 0$ を用いて，(B.2)，(B.3) から，電荷に関する連続の式 (equation of continuity)

$$\nabla \cdot J + \frac{\partial \rho}{\partial t} = 0 \tag{B.5}$$

が得られる．

まずは電荷が束縛電荷のみから成るとする．この場合，双極子モーメント密度すなわち**分極** (polarization) P を用いて，電荷密度と電流密度が

$$\rho = -\nabla \cdot P \tag{B.6}$$

$$J = \frac{\partial P}{\partial t} \tag{B.7}$$

と表される．これを使うと，**電束密度** (electric displacement) $D \equiv \varepsilon_0 E + P$ を用いて，マクスウェル方程式が

$$\nabla \times E = -\mu_0 \frac{\partial H}{\partial t} \tag{B.8}$$

$$\nabla \times H = \frac{\partial D}{\partial t} \tag{B.9}$$

$$\nabla \cdot D = 0 \tag{B.10}$$

$$\nabla \cdot H = 0 \tag{B.11}$$

と書き直される．

電場 E があまり大きくないときは，媒質内に生じる分極は電場に比例する．このとき**電気感受率** (electric susceptibility) χ を

$$P = \varepsilon_0 \chi E \tag{B.12}$$

によって定義する．χ はベクトルとベクトルの間の比例関係を表すものであるから，一般には2階のテンソルであるが，光学的に等方的な媒質ではスカ

ラーとなる．以下では，特に明示しない場合は，簡単のためにスカラーであるものとする．

誘電率 (permittivity) ε は電束密度と電場との間の比例係数なので，

$$D = \varepsilon E = \varepsilon_0 E + P = \varepsilon_0(1+\chi)E \tag{B.13}$$

より，

$$\boxed{\frac{\varepsilon}{\varepsilon_0} = 1 + \chi} \tag{B.14}$$

なる関係が成り立つ．

電場・分極がベクトルであることを考慮すると，誘電率，感受率は2階のテンソルとなる．このとき，(B.12)は，電場ベクトルの x, y, z 成分 E_x, E_y, E_z と分極ベクトルの各成分 P_x, P_y, P_z を用いて，

$$P_i = \varepsilon_0 \sum_j \chi_{ij} E_j = \varepsilon_0(\chi_{ix}E_x + \chi_{iy}E_y + \chi_{iz}E_z) \tag{B.15}$$

と表される．ここで i と j は，x, y, z のどれかであり，χ_{ij} が感受率テンソルの各成分を表す．

誘電率の場合も同様に，電場と電束密度の各ベクトル成分は，誘電率テンソルの各成分によって

$$D_i = \sum_j \varepsilon_{ij} E_j = (\varepsilon_{ix}E_x + \varepsilon_{iy}E_y + \varepsilon_{iz}E_z) \tag{B.16}$$

のように関係づけられる．

感受率や誘電率のテンソルは，行列を用いて

$$\chi = \begin{pmatrix} \chi_{xx} & \chi_{xy} & \chi_{xz} \\ \chi_{yx} & \chi_{yy} & \chi_{yz} \\ \chi_{zx} & \chi_{zy} & \chi_{zz} \end{pmatrix} \tag{B.17}$$

$$\varepsilon = \begin{pmatrix} \varepsilon_{xx} & \varepsilon_{xy} & \varepsilon_{xz} \\ \varepsilon_{yx} & \varepsilon_{yy} & \varepsilon_{yz} \\ \varepsilon_{zx} & \varepsilon_{zy} & \varepsilon_{zz} \end{pmatrix} \tag{B.18}$$

のように表すことができ，そのとき分極や電束密度は，

$$\begin{pmatrix} P_x \\ P_y \\ P_z \end{pmatrix} = \varepsilon_0 \begin{pmatrix} \chi_{xx} & \chi_{xy} & \chi_{xz} \\ \chi_{yx} & \chi_{yy} & \chi_{yz} \\ \chi_{zx} & \chi_{zy} & \chi_{zz} \end{pmatrix} \begin{pmatrix} E_x \\ E_y \\ E_z \end{pmatrix} \quad (B.19)$$

$$\begin{pmatrix} D_x \\ D_y \\ D_z \end{pmatrix} = \begin{pmatrix} \varepsilon_{xx} & \varepsilon_{xy} & \varepsilon_{xz} \\ \varepsilon_{yx} & \varepsilon_{yy} & \varepsilon_{yz} \\ \varepsilon_{zx} & \varepsilon_{zy} & \varepsilon_{zz} \end{pmatrix} \begin{pmatrix} E_x \\ E_y \\ E_z \end{pmatrix} \quad (B.20)$$

と表される.

感受率テンソルや誘電率テンソルの取りうる値は，媒質が有する対称性に応じて制限がある．等方性 (isotropic) 媒質では，対角成分以外はゼロとなり，さらにすべての対角成分は互いに等しい．すなわち，単なるスカラーとなる．その他の媒質については D.4 節を参照のこと．感受率テンソルや誘電率テンソルの添字として，x, y, z の代わりに $1, 2, 3$ を用いることもある．

誘電率を用いると電荷が束縛電荷のみから成る媒質におけるマクスウェル方程式は，

$$\nabla \times E = -\mu_0 \frac{\partial H}{\partial t} \quad (B.21)$$

$$\nabla \times H = \varepsilon \frac{\partial E}{\partial t} \quad (B.22)$$

$$\nabla \cdot E = 0 \quad (B.23)$$

$$\nabla \cdot H = 0 \quad (B.24)$$

と表される．

束縛されていない電荷があるときには，分極とは別に電流が生じる．電場が小さいときには，これは電場に比例すると考えられるので，

$$J = \sigma E \quad (B.25)$$

のように表される．ここで，比例係数 σ はこの媒質の**電気伝導度** (electric conductivity) あるいは，電気伝導率，単に伝導度などと呼ばれる．これは**オームの法則** (Ohm's law) の微視的な表式になっている．電気伝導度は，一般には 2 階のテンソルであるが，ここでは簡単のためにスカラーとしている．

この場合マクスウェル方程式は,

$$\nabla \times E = -\mu_0 \frac{\partial H}{\partial t} \tag{B.26}$$

$$\nabla \times H = \varepsilon \frac{\partial E}{\partial t} + \sigma E \tag{B.27}$$

$$\nabla \cdot E = 0 \tag{B.28}$$

$$\nabla \cdot H = 0 \tag{B.29}$$

と表される.

(B.21) の回転 (rotation) を取ると,

$$\nabla \times \nabla \times E = -\mu_0 \frac{\partial}{\partial t}(\nabla \times H)$$

$$= -\varepsilon \mu_0 \frac{\partial^2 E}{\partial t^2} \tag{B.30}$$

となる. ベクトル演算に関する恒等式 $\nabla \times \nabla \times E = \nabla(\nabla \cdot E) - \nabla^2 E$ を用いると, 上式から

$$\boxed{\nabla^2 E = \varepsilon \mu_0 \frac{\partial^2 E}{\partial t^2}} \tag{B.31}$$

が得られる. ε が実数のとき, これは**波動方程式** (wave equation) と呼ばれる方程式であり, その解は速さ

$$\boxed{v_\mathrm{p} = \frac{1}{\sqrt{\varepsilon \mu_0}}} \tag{B.32}$$

で伝搬する波動を表す. ここで v_p は, この波の**位相速度** (phase velocity) と呼ばれる. すなわち, 電場と磁場が波動すなわち電磁波として空間を伝搬することが導かれた. 真空中ではその速度は

$$\boxed{c = \frac{1}{\sqrt{\varepsilon_0 \mu_0}}} \tag{B.33}$$

となる.

B.2 複素数の感受率・誘電率・屈折率

媒質が何らかのエネルギー構造を持っているときには，誘電率や感受率は周波数に依存し，また一般には複素数になる．

いま，(B.31) を満たす電場として z 方向に進む単色の平面波

$$E(z,t) = \frac{1}{2}E_0 \exp[i(kz - \omega t)] + \text{c.c.} \tag{B.34}$$

を考える．これを波動方程式に代入することで，波数と角周波数との間に

$$\boxed{k^2 = \omega^2 \varepsilon \mu_0} \tag{B.35}$$

の関係が成り立つことが導かれる．このような波数と角周波数との間の関係を一般に**分散関係** (dispersion relation) という．

一般に，(B.34) のように表される波の位相速度 v_p は，

$$\boxed{v_\mathrm{p} = \frac{\omega}{k}} \tag{B.36}$$

で与えられる．

誘電率 ε が実数のときには，これより位相速度

$$v_\mathrm{p} = \frac{1}{\sqrt{\varepsilon \mu_0}} \tag{B.37}$$

が得られる．真空中の電磁波の位相速度は (B.33) で与えられるので，

$$v_\mathrm{p} = c\sqrt{\frac{\varepsilon_0}{\varepsilon}} \tag{B.38}$$

となる．そこで，(実数の) **屈折率** (refractive index) を

$$\boxed{n = \sqrt{\frac{\varepsilon}{\varepsilon_0}}} \tag{B.39}$$

で定義する．すると，位相速度は

B.2 複素数の感受率・誘電率・屈折率

$$v_\mathrm{p} = \frac{\omega}{k} = \frac{c}{n} \tag{B.40}$$

と表される.

また,光パルスは,いろいろな周波数の波が重ね合わさった波束 (wave packet) として表され,そのエネルギーの中心は,**群速度** (group velocity)

$$v_\mathrm{g} = \frac{d\omega}{dk} \tag{B.41}$$

で移動する.これを屈折率 n で表すと,

$$\frac{d\omega}{dk} = \left[\frac{dk}{d\omega}\right]^{-1} = \left[\frac{d}{d\omega}\left(\frac{n\omega}{c}\right)\right]^{-1} = c\left[n + \omega\frac{dn}{d\omega}\right]^{-1} \tag{B.42}$$

であるので,**群屈折率** (group refractive index) n_g を式

$$v_\mathrm{g} = \frac{c}{n_\mathrm{g}} \tag{B.43}$$

で定義すると,群屈折率は

$$n_\mathrm{g} = n + \omega\frac{dn}{d\omega} \tag{B.44}$$

と表される.また,真空中の電磁波の波長 λ を用いて

$$n_\mathrm{g} = n - \lambda\frac{dn}{d\lambda} \tag{B.45}$$

とも表される.

誘電率が複素数のときにも,実数の場合の (B.39) を拡張して**複素屈折率** (complex refractive index) を

$$\tilde{n} \equiv \sqrt{\frac{\varepsilon}{\varepsilon_0}} = \sqrt{1 + \chi} \tag{B.46}$$

で定義する.その実部を新たに n,虚部を κ とすると,

$$\tilde{n} = n + i\kappa \tag{B.47}$$

のように書ける．この場合，右辺の n が通常の意味の**屈折率**であり，κ は**消衰係数** (extinction coefficient) と呼ばれる．本書では，"n" は，誘電率が実数の場合に (B.39) で定義される屈折率または，一般的に (B.46) で定義される複素屈折率の実部，のどちらかを指すものとする．

誘電率や屈折率が複素数の場合にも，光電場を (B.34) の形に表すと，やはり (B.35) が成り立つので，

$$k = \frac{\tilde{n}\omega}{c} = \frac{(n+i\kappa)\omega}{c} \tag{B.48}$$

となる．これを (B.34) に代入すると，

$$\begin{aligned}E(z,t) &= \frac{1}{2}E_0 \exp[i(kz-\omega t)] + \text{c.c.} \\ &= \frac{1}{2}E_0 \exp\left[i\omega\left(\frac{n}{c}z - t\right) - \frac{\omega\kappa}{c}z\right] + \text{c.c.}\end{aligned} \tag{B.49}$$

が得られる．これから，このような媒質における電磁波の位相速度は

$$v_\text{p} = \frac{c}{n} \tag{B.50}$$

であり，κ は波の減衰の大きさを表すことがわかる．

いま光の強度を $I(z)$ として，この光が媒質中を伝搬するとき指数関数的に

$$I(z) = I(0)\exp(-\alpha z) \tag{B.51}$$

のように減衰するとする．このとき，α を**吸収係数** (absorption coefficient) という．後ほど述べるように，光の強度は電場の振幅の 2 乗に比例するので，α は

$$\boxed{\alpha = \frac{2\omega\kappa}{c}} \tag{B.52}$$

のように κ に比例することがわかる．あるいは，真空中の波長

$$\lambda = \frac{2\pi c}{\omega} \tag{B.53}$$

を用いて

$$\alpha = \frac{4\pi\kappa}{\lambda} \tag{B.54}$$

とも表すことができる.

複素屈折率の実部・虚部と電気感受率の実部・虚部との間には，以下のような関係が成り立つ．いま，電気感受率 χ を実部 χ' と虚部 χ'' とに分け,

$$\boxed{\chi = \chi' + i\chi''} \tag{B.55}$$

のように表すと,

$$\tilde{n}^2 = (n + i\kappa)^2 = 1 + \chi = 1 + \chi' + i\chi'' \tag{B.56}$$

であるから，それぞれの実部と虚部を比較して,

$$1 + \chi' = n^2 - \kappa^2 \tag{B.57}$$

$$\chi'' = 2n\kappa \tag{B.58}$$

となる．これを n と κ に関して解くと,

$$n^2 = \frac{1}{2}\left[(1 + \chi') + \sqrt{(1 + \chi')^2 + 4(\chi'')^2}\right] \tag{B.59}$$

$$\kappa = \frac{\chi''}{2n} \tag{B.60}$$

が得られる．多くの場合 $\kappa \ll 1$ であるので，そのときには近似的な関係式

$$n = \sqrt{1 + \chi'} \tag{B.61}$$

$$\kappa = \frac{\chi''}{2\sqrt{1 + \chi'}} \tag{B.62}$$

がよく成り立つ.

誘電率 ε の実部と虚部をそれぞれ $\varepsilon', \varepsilon''$ とすると,

$$\boxed{\varepsilon = \varepsilon' + i\varepsilon''} \tag{B.63}$$

と表され (B.14) より,

$$\varepsilon' = \varepsilon_0(1 + \chi') \tag{B.64}$$

$$\varepsilon'' = \varepsilon_0 \chi'' \tag{B.65}$$

となる.

単一の周波数で振動している電磁波に対して，(B.27) で表されるマクスウェル方程式の第2式は，

$$\nabla \times \boldsymbol{H} = (-i\omega\varepsilon + \sigma)\boldsymbol{E} \tag{B.66}$$

となるので，右辺の比例係数を複素誘電率 ε と伝導度 σ に分ける方法は，一意的でないことに注意しなければならない．複素誘電率を用いれば伝導度を考えないこともできるが，電流密度の物理的起源に関する考察から自由キャリアによる電流を σ で記述し，束縛電荷による損失は ε に含めるということも，一般的に行われる．また，ε と σ のどちらも実数になるように定めることもできるし，複素伝導度を導入することもできる．

一般に，線形応答を表す応答関数のフーリエ変換の実部と虚部との間には，**因果律** (causality) の要請によって**クラマース–クローニッヒの関係式** (Kramers–Kronig relations) が成り立つ．上で述べた $\chi(\omega)$ や $\varepsilon(\omega)$ も電場に対する分極や電束密度の線形応答を表す応答関数のフーリエ変換であるので，その実部 χ', ε' と虚部 χ'', ε'' との間にはクラマース–クローニッヒの関係式

$$\chi'(\omega) = \frac{2}{\pi} \mathcal{P} \int_0^\infty \frac{\omega' \chi''(\omega')}{(\omega')^2 - \omega^2} d\omega' \tag{B.67}$$

$$\chi''(\omega) = -\frac{2\omega}{\pi} \mathcal{P} \int_0^\infty \frac{\chi'(\omega')}{(\omega')^2 - \omega^2} d\omega' \tag{B.68}$$

$$\varepsilon'(\omega) - \varepsilon_0 = \frac{2}{\pi} \mathcal{P} \int_0^\infty \frac{\omega' \varepsilon''(\omega')}{(\omega')^2 - \omega^2} d\omega' \tag{B.69}$$

$$\varepsilon''(\omega) = -\frac{2\omega}{\pi} \mathcal{P} \int_0^\infty \frac{\varepsilon'(\omega')}{(\omega')^2 - \omega^2} d\omega' \tag{B.70}$$

が成り立つ．また，屈折率と消衰係数との間にも

$$n(\omega) - 1 = \frac{2}{\pi} \mathcal{P} \int_0^\infty \frac{\omega' \kappa(\omega')}{(\omega')^2 - \omega^2} d\omega' \tag{B.71}$$

$$\kappa(\omega) = -\frac{2\omega}{\pi} \mathcal{P} \int_0^\infty \frac{n(\omega')}{(\omega')^2 - \omega^2} d\omega' \tag{B.72}$$

が成り立つ．ただし，ここで $\mathcal{P}$ はコーシー (Cauchy) の主値を表し，

$$\mathcal{P} \int_0^\infty \frac{f(\omega')}{(\omega')^2 - \omega^2} d\omega' = \lim_{\delta \to 0} \left(\int_0^{\omega-\delta} \frac{f(\omega')}{(\omega')^2 - \omega^2} d\omega' + \int_{\omega+\delta}^\infty \frac{f(\omega')}{(\omega')^2 - \omega^2} d\omega' \right) \tag{B.73}$$

を意味する．

B.3 振動磁場

これまでは電磁波の電場のみに注目したが，ここで磁場の振舞を見ておこう．(B.49) で表される電場に対応して，磁場も

$$H = \frac{1}{2} H_0 \exp[i(kz - \omega t)] + \text{c.c.} \tag{B.74}$$

の形に表すことができる．いま，電場は x 成分のみを持つと仮定し，$E_0 = (E_0, 0, 0)$ とする．すると，マクスウェル方程式の第 1 式より磁場は y 成分のみを持つことがわかるので，$H_0 = (0, H_0, 0)$ とすると，

$$H_0 = \frac{k}{\mu_0 \omega} E_0 \tag{B.75}$$

の関係が導かれる．k と ω との間の関係 (B.35) から，

$$H_0 = \sqrt{\frac{\varepsilon}{\mu_0}} E_0 = \frac{1}{Z_0}(n + i\kappa) E_0 \tag{B.76}$$

となる．これより，誘電率が実数のときには磁場は電場と同位相であるが，有限の虚部があるときにはわずかに位相が遅れることがわかる．なお，ここに現れる $Z_0 \equiv \sqrt{\mu_0/\varepsilon_0} = (\sqrt{\varepsilon_0/\mu_0})^{-1}$ は抵抗の次元を持つ定数で，**真空のインピーダンス**と呼ばれる．その値は 376.7 Ω である．電場と磁場の様子を，図 B.1 に示した．

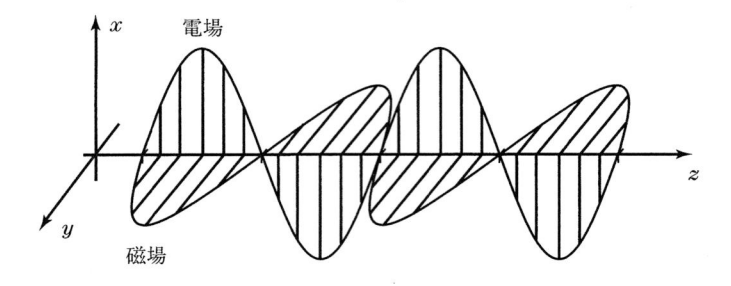

図B.1 単色平面波の電磁波の電場と磁場の様子

B.4 電磁波のエネルギーと強度

マクスウェル方程式 (B.9) の両辺と E との内積を取ると，

$$E \cdot (\nabla \times H) = \frac{\varepsilon_0}{2}\frac{\partial}{\partial t}(E \cdot E) + E \cdot \frac{\partial P}{\partial t} \tag{B.77}$$

が得られる．ただし，ここで関係式

$$\frac{1}{2}\frac{\partial}{\partial t}(E \cdot E) = E \cdot \frac{\partial E}{\partial t} \tag{B.78}$$

を用いた．同様に，(B.8) の両辺と H との内積を取って，

$$H \cdot (\nabla \times E) = -\frac{\mu_0}{2}\frac{\partial}{\partial t}(H \cdot H) \tag{B.79}$$

を得る．これらを互いに引き算すると，

$$\nabla \cdot (E \times H) + \frac{\partial}{\partial t}\left(\frac{\varepsilon_0}{2}E \cdot E + \frac{\mu_0}{2}H \cdot H\right) + E \cdot \frac{\partial P}{\partial t} = 0 \tag{B.80}$$

が得られる．ただし，ここでベクトル演算に関する公式

$$\nabla \cdot (E \times H) = H \cdot (\nabla \times E) - E \cdot (\nabla \times H) \tag{B.81}$$

を用いた．(B.80) は，電磁波のエネルギー密度に関する連続の式である．

第 1 項から，**ポインティングベクトル** (Poynting vector)

B.4 電磁波のエネルギーと強度

$$\boxed{S = E \times H} \tag{B.82}$$

がエネルギーの流れの密度を表す．第2項は電磁場のエネルギー密度

$$U = \frac{\varepsilon_0}{2} E \cdot E + \frac{\mu_0}{2} H \cdot H \tag{B.83}$$

の時間変化であり，第3項が分極との相互作用による電磁波のエネルギーの増減を表す．(B.7) を用いれば，この項は

$$E \cdot J \tag{B.84}$$

とも表される．これは，電場中の電荷が単位時間当りに得るポテンシャルエネルギーを表している．

いま，電場と分極が一定の角周波数 ω で振動している定常状態を考える．また，電場は十分小さくて，分極は電場に比例するものとする．そのとき，(B.80) の第3項は

$$E \cdot \frac{\partial P}{\partial t} = \frac{1}{2} \frac{\partial}{\partial t}(E \cdot P) \tag{B.85}$$

と書けるので，第2項と合わせて，

$$U' \equiv \frac{\varepsilon_0}{2} E \cdot E + \frac{\mu_0}{2} H \cdot H + \frac{1}{2} E \cdot P \tag{B.86}$$

が，媒質中の電磁場と分極によるエネルギー密度を表すと考えることができる．いま (B.49) で位置 z における電場の振幅を

$$E(z) = E_0 \exp\left(-\frac{\omega \kappa}{c} z\right) \tag{B.87}$$

とおくと，電場は

$$E_x = \frac{1}{2} E(z) \exp\left[i\omega\left(\frac{n}{c} z - t\right)\right] + \text{c.c.} \tag{B.88}$$

で与えられる．同様に分極は

$$P_x = \frac{1}{2} \varepsilon_0 (\chi' + i\chi'') E(z) \exp\left[i\omega\left(\frac{n}{c} z - t\right)\right] + \text{c.c.} \tag{B.89}$$

となり，磁場は

$$H_y = \frac{1}{2}\sqrt{\frac{\varepsilon_0}{\mu_0}}\,(n+i\kappa)E(z)\exp\left[i\omega\left(\frac{n}{c}z - t\right)\right] + \text{c.c.} \qquad (\text{B.90})$$

となるので，U' のサイクル平均は，

$$\overline{U'} = \frac{1}{2}\varepsilon_0 n^2 |E(z)|^2 \qquad (\text{B.91})$$

のように求められる．

　電磁波の**強度**（intensity）とは単位時間当りに単位面積を横切る電磁波のエネルギーのことであり，エネルギーの流れを表すポインティングベクトルの大きさに等しい．すなわち，強度を I とおくと

$$\boxed{I = |S|} \qquad (\text{B.92})$$

となる．強度 I は，時間によらない項と角周波数 2ω で振動する項とを含む．通常の測定では，測定器の応答速度は 2ω に比べて非常に遅いので，電磁波の強度としては通常はサイクル平均されたものを取る．その結果

$$\begin{aligned}\bar{I} &= \frac{1}{2}\frac{n}{Z_0}|E(z)|^2 \\ &= \frac{1}{2}\varepsilon_0 c n\, |E(z)|^2\end{aligned} \qquad (\text{B.93})$$

となり，電磁波の強度がその位置での電場の振幅の 2 乗に比例することがわかる．上記の電磁場と分極によるエネルギー密度のサイクル平均とは，

$$\bar{I} = \overline{U'} \cdot \frac{c}{n} \qquad (\text{B.94})$$

の関係にある．これは，電磁波と分極によるエネルギー密度のサイクル平均 $\overline{U'}$ に速度 c/n を乗じたものが電磁波の強度であると考えることができる．

　次に (B.80) の第 3 項の時間平均を求めると，

$$\overline{E \cdot \frac{\partial P}{\partial t}} = \frac{1}{2}\varepsilon_0 \chi'' \omega\, |E(\boldsymbol{r})|^2 \qquad (\text{B.95})$$

となる．これは，電磁波と物質内の分極との相互作用によって電磁場から失われる単位時間・単位体積当りのエネルギーを表す．いま，この電磁波が dz だけ進む間に失う単位体積当りのエネルギーは，吸収係数 α を用いて

$$\alpha \overline{U'} dz = \frac{1}{2} \varepsilon_0 \alpha n^2 |E(\boldsymbol{r})|^2 dz \tag{B.96}$$

となる．一方，電磁波が dz 進むのに時間が $(n/c)dz$ 必要であるから，これは (B.95) からは

$$\frac{1}{2} \varepsilon_0 \chi'' \omega |E(\boldsymbol{r})|^2 \frac{n}{c} dz \tag{B.97}$$

に等しいはずである．実際，α と χ'' との間の関係

$$\alpha = \frac{\omega}{nc} \chi'' \tag{B.98}$$

を用いれば，この二つが一致することがわかる．

B.5 ガウスビーム

本書の大部分の記述では，光を平面波すなわち無限に平面的に広がった波と見なしているが，実際のレーザー光は，ある太さを持ったビームである．また非線形光学現象を引き起こすために，ほとんどの場合，レーザービームは集光されるが，集光したレーザービームは1点に集まるわけではなく，集光点において集光角と波長によって決まったビームサイズを持つ．これらの

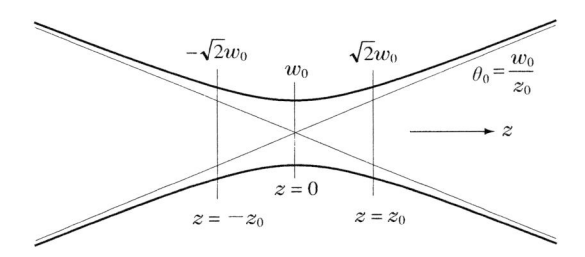

図 B.2 ガウスビーム

性質は,図B.2に示されるような**ガウスビーム** (Gaussian beam) によって表すことができる.z方向に伝搬し,$z = 0$ にビームのくびれ (beam waist),すなわち最もビームの細い位置があるガウスビームの電場は,以下の式で表される.

$$E(r,z,t) = E_0 \frac{w_0}{w(z)} \exp\left\{i[kz - \omega t - \eta(z)] - r^2\left(\frac{1}{w^2(z)} - \frac{ik}{2R(z)}\right)\right\}$$
(B.99)

$$r^2 = x^2 + y^2 \tag{B.100}$$

$$k = \frac{2\pi n}{\lambda} \tag{B.101}$$

$$w^2(z) = w_0^2\left(1 + \frac{z^2}{z_0^2}\right) \tag{B.102}$$

$$R(z) = z\left(1 + \frac{z_0^2}{z^2}\right) \tag{B.103}$$

$$\eta(z) = \tan^{-1}\left(\frac{z}{z_0}\right) \tag{B.104}$$

$$z_0 \equiv \frac{\pi n w_0^2}{\lambda} \tag{B.105}$$

ここで,ω,λ,n は角周波数,真空中の波長,媒質の屈折率である.

ガウスビームは,伝搬のどの位置でも伝搬方向 (この場合は z 軸方向) に対して垂直な面内 (この場合は xy 面内) での電場分布はガウス関数で与えられ,そのビームサイズは,電場が中心での値に対して $1/e$ になる距離 $w(z)$ によって表される.w_0 がビームのくびれにおけるビームサイズである.$R(z)$ は波面の曲率半径である.$\eta(z)$ は位相を表し,集光前の $-\pi/2$ から集光後の $\pi/2$ まで π だけ変化するが,これを**グイ位相シフト** (Gouy phase shift) またはグイシフトという.z_0 は**レイリー長** (Rayleigh length) と呼ばれ,ビームが集光されている長さを表す.$2z_0$ は**コンフォーカルパラメータ**

（confocal parameter）と呼ばれる．十分遠方でのビームの広がり角は

$$\theta_0 \equiv \lim_{z \to \infty} \frac{w(z)}{z} = \frac{w_0}{z_0} = \frac{\lambda}{\pi n w_0} \tag{B.106}$$

で表すことができる．

　ガウスビームは，波動方程式に緩包絡波近似を適用して得られる方程式の解として最も単純なものであり，より高次のモードとして，直交座標系の下で得られるエルミートガウスモード（Hermite-Gauss mode）と，円筒座標系で得られるラゲールガウスモード（Laguerre-Gauss modes）がある．

付録 C
偏光とジョーンズベクトル

光の偏光の状態を表すために用いられるジョーンズベクトル (Jones vector) とジョーンズ行列 (Jones matrix) について，以下に簡単に説明する．

C.1 偏光とジョーンズベクトル

コヒーレントな光の偏光状態は，進行方向に対して垂直な面内の互いに垂直な 2 方向の電場成分の振幅と位相差を与えることにより記述できる．いま，光の進行方向に対して垂直に x 軸と y 軸を取り，光電場のそれぞれの方向の成分が，

$$\left.\begin{array}{l} E_x(t) = \dfrac{1}{2}E_x^0 \exp[-i(\omega t + \phi_x)] + \text{c.c.} \\ E_y(t) = \dfrac{1}{2}E_y^0 \exp[-i(\omega t + \phi_y)] + \text{c.c.} \end{array}\right\} \quad (\text{C.1})$$

であるとき，この光の偏光状態は，それぞれの成分の複素振幅からなるベクトル

$$J = \begin{pmatrix} E_x^0 \exp(-i\phi_x) \\ E_y^0 \exp(-i\phi_y) \end{pmatrix} \quad (\text{C.2})$$

によって表すことができる.† このベクトルを**ジョーンズベクトル**という．一般に偏光状態は，x成分とy成分の振幅と，その間の位相差によって決まるので，ジョーンズベクトルでは，x成分とy成分の位相を等しい値だけ変化させたものは区別しない．また，単にある位置での偏光状態を記述するためには，振幅の大きさを知る必要がないことも多い．そのような場合には，ベクトルを規格化して示すことが多い．

図 C.1 にさまざまな偏光状態の電場ベクトルの時間変化の様子を図示した．それぞれの偏光状態を表す，規格化されたジョーンズベクトルは，以下のとおりとなる．

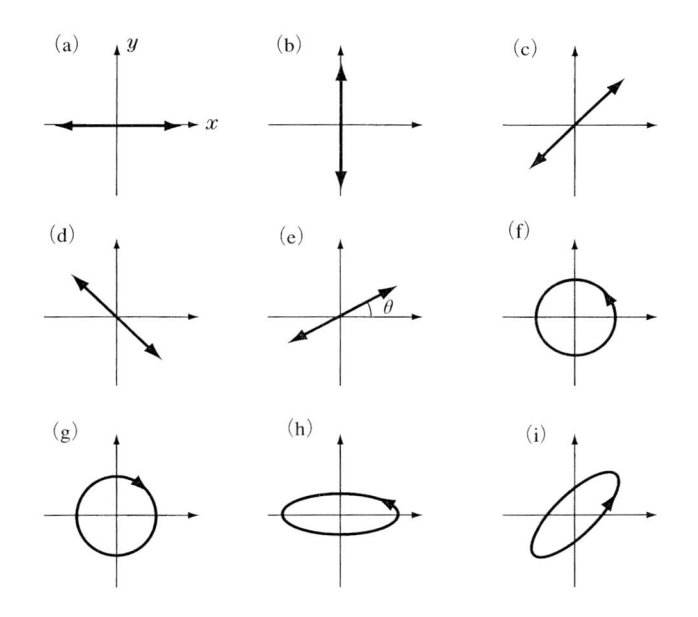

図 C.1 さまざまな偏光状態．それぞれの偏光状態を表すジョーンズベクトルは本文中に記す．

---

† 本書では，一貫して，時間的な振動を表す指数関数として $\exp(-i\omega t)$ を用いており，上のジョーンズベクトルの定義もそれに対応している．指数関数として $\exp(i\omega t)$ を用いた場合は，ジョーンズベクトルやジョーンズ行列の虚部の符号が逆になる．

(a) x方向の直線偏光:
$$J_\mathrm{a} = \begin{pmatrix} 1 \\ 0 \end{pmatrix} \tag{C.3}$$

(b) y方向の直線偏光:
$$J_\mathrm{b} = \begin{pmatrix} 0 \\ 1 \end{pmatrix} \tag{C.4}$$

(c) $\pi/4$方向の直線偏光:
$$J_\mathrm{c} = \frac{1}{\sqrt{2}} \begin{pmatrix} 1 \\ 1 \end{pmatrix} \tag{C.5}$$

(d) $-\pi/4$方向の直線偏光:
$$J_\mathrm{d} = \frac{1}{\sqrt{2}} \begin{pmatrix} 1 \\ -1 \end{pmatrix} \tag{C.6}$$

(e) 角度 θ 方向の直線偏光:
$$J_\mathrm{e} = \begin{pmatrix} \cos\theta \\ \sin\theta \end{pmatrix} \tag{C.7}$$

(f) 左回りの円偏光[†]:
$$J_\mathrm{f} = \frac{1}{\sqrt{2}} \begin{pmatrix} 1 \\ i \end{pmatrix} \tag{C.8}$$

(g) 右回りの円偏光[†]:
$$J_\mathrm{g} = \frac{1}{\sqrt{2}} \begin{pmatrix} 1 \\ -i \end{pmatrix} \tag{C.9}$$

(h) x軸を長軸とする左回りの楕円偏光:
$$J_\mathrm{h} = \frac{1}{a_x^2 + a_y^2} \begin{pmatrix} a_x \\ ia_y \end{pmatrix} \quad (a_x > a_y > 0) \tag{C.10}$$

[†] 「左回り」と「右回り」の定義は,一意的でないので注意すべきである.ここでは,横軸を x 軸,縦軸を y 軸とした平面を上から見たときの回転方向で表している.もし,進行方向を z 方向として,その進行方向を向いたときの回転方向を用いるとすると,定義が逆になる.

(ⅰ) $\pi/4$ 方向を長軸とする左回りの楕円偏光：

$$J_\mathrm{i} = \frac{1}{\sqrt{2(a_1^2+a_2^2)}} \begin{pmatrix} a_1 - ia_2 \\ a_1 + ia_2 \end{pmatrix} \quad (a_1 > a_2 > 0) \tag{C.11}$$

一般に，座標軸を角度 θ だけ回転させる操作は，行列

$$R(\theta) = \begin{pmatrix} \cos\theta & \sin\theta \\ -\sin\theta & \cos\theta \end{pmatrix} \tag{C.12}$$

で表されるので，軸を対称性のよい方向に回転させることで，ジョーンズベクトルを簡単に求めることができる．例えば，

$$J_\mathrm{e} = R(-\theta)J_\mathrm{a} \tag{C.13}$$

の関係が成り立つ．

C.2　偏光素子とジョーンズ行列

　各種の偏光素子や複屈折性を有する媒質を光が透過すると，光の偏光状態が変化する．その変化の仕方は，ジョーンズベクトルに，それぞれの光学素子や媒質に特有の行列を乗ずることで得られる．そのような行列を**ジョーンズ行列**という．すなわち，ある光学素子のジョーンズ行列を T，透過前の光の偏光状態を表すジョーンズベクトルを J，透過後のジョーンズベクトルを J' とすると

$$J' = TJ \tag{C.14}$$

となる．ジョーンズ行列においても，x 成分と y 成分の間の位相差のみに意味があるので，あるジョーンズ行列のすべての成分に同じ位相因子を乗じたものは，元の行列と同じ効果を表す．

　以下に，ジョーンズ行列の例を示す．

（a）水平方向（x 方向）の偏光のみを透過する偏光板：

$$T_\mathrm{a} = \begin{pmatrix} 1 & 0 \\ 0 & 0 \end{pmatrix} \tag{C.15}$$

(b) 垂直方向（y方向）の偏光のみを透過する偏光板：

$$T_\mathrm{b} = \begin{pmatrix} 0 & 0 \\ 0 & 1 \end{pmatrix} \qquad (\mathrm{C}.16)$$

(c) 軸が水平・垂直方向の2分の波長板：

$$T_\mathrm{c} = \begin{pmatrix} i & 0 \\ 0 & -i \end{pmatrix} \qquad (\mathrm{C}.17)$$

2分の波長板とは，互いに直行する軸方向に偏光した光がそれぞれ通過したときに，それらの間で位相がπずれる，すなわち光路長が波長の2分の1だけ異なるようにした光学素子である．

(d) 速軸が水平方向の4分の波長板：

$$T_\mathrm{d} = \begin{pmatrix} \exp\left(-i\dfrac{\pi}{4}\right) & 0 \\ 0 & \exp\left(i\dfrac{\pi}{4}\right) \end{pmatrix} \qquad (\mathrm{C}.18)$$

4分の波長板とは，互いに直交する軸方向に偏光した光がそれぞれ通過したときに，それらの間で位相が$\pi/2$ずれる，すなわち光路長が波長の4分の1だけ異なるようにした光学素子である．このとき，光路長が短い方の軸を速軸 (fast axis)，長い方の軸を遅軸 (slow axis) という．

(e) 速軸が垂直方向の4分の波長板：

$$T_\mathrm{e} = \begin{pmatrix} \exp\left(i\dfrac{\pi}{4}\right) & 0 \\ 0 & \exp\left(-i\dfrac{\pi}{4}\right) \end{pmatrix} \qquad (\mathrm{C}.19)$$

(f) 位相差がϕで速軸が水平方向の複屈折媒質：

$$T_\mathrm{f} = \begin{pmatrix} \exp\left(-i\dfrac{\phi}{2}\right) & 0 \\ 0 & \exp\left(i\dfrac{\phi}{2}\right) \end{pmatrix} \qquad (\mathrm{C}.20)$$

（g） 水平偏光の透過率が T_1，垂直偏光の透過率が T_2 の 2 色性媒質：

$$T_g = \begin{pmatrix} T_1 & 0 \\ 0 & T_2 \end{pmatrix} \tag{C.21}$$

ただし，2 色性 (dichroic) 媒質とは，偏光方向によって吸収係数が異なる媒質のことである．

偏光素子や複屈折性媒質の光学軸が x 方向に対して角度 θ だけ傾いている場合は，座標軸を角度 θ だけ回転した上で上記の操作を施し，さらに座標軸を元に戻してやればよい．例えば，位相差が ϕ で速軸が水平から角度 θ の方向にある複屈折媒質のジョーンズ行列は，

$$T = R(\theta)^{-1} T_f R(\theta) = R(-\theta) T_f R(\theta)$$

$$= \begin{pmatrix} \cos\frac{\phi}{2} - i\sin\frac{\phi}{2}\cos 2\theta & -i\sin\frac{\phi}{2}\sin 2\theta \\ -i\sin\frac{\phi}{2}\sin 2\theta & \cos\frac{\phi}{2} + i\sin\frac{\phi}{2}\cos 2\theta \end{pmatrix} \tag{C.22}$$

と計算できる．同様に，水平方向から角度 θ の方向の偏光に対する透過率が T_1 で，それに対して垂直な偏光の透過率が T_2 の 2 色性媒質のジョーンズ行列は，

$$T = R(-\theta) T_g R(\theta)$$

$$= \frac{1}{2}\begin{pmatrix} (T_1 + T_2) + (T_1 - T_2)\cos 2\theta & (T_1 - T_2)\sin 2\theta \\ (T_1 - T_2)\sin 2\theta & (T_1 + T_2) - (T_1 - T_2)\cos 2\theta \end{pmatrix} \tag{C.23}$$

となる．

応用問題として，以下のような場合を考えよう．媒質中に複屈折性を生じる二つの原因があり，それぞれの軸が異なるとする．このような状況は，ひずみを持つ電気光学結晶などで起きる．図 C.2 のように，角度 θ 方向に位相遅れ α が，角度 ϕ 方向に位相遅れ β が，それぞれ別の原因により生じているとする．このとき，この媒質のジョーンズ行列は，それぞれの効果のうち一

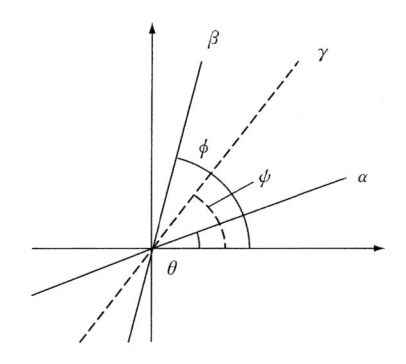

図 C.2 二つの原因による複屈折性の軸が異なる場合

方のみが生じているとすれば、

$$T_\alpha = R(-\theta)\begin{pmatrix} \exp\left(i\dfrac{\alpha}{2}\right) & 0 \\ 0 & \exp\left(-i\dfrac{\alpha}{2}\right) \end{pmatrix}R(\theta) \qquad (\text{C.24})$$

$$T_\beta = R(-\phi)\begin{pmatrix} \exp\left(i\dfrac{\beta}{2}\right) & 0 \\ 0 & \exp\left(-i\dfrac{\beta}{2}\right) \end{pmatrix}R(\phi) \qquad (\text{C.25})$$

のように表される. 実際には, これらの二つの効果が同時に起きており, その場合のジョーンズ行列は,

$$T = \lim_{N\to\infty}(T_\alpha^{1/N}T_\beta^{1/N})^N \qquad (\text{C.26})$$

$$\begin{aligned}T_\alpha^{1/N}T_\beta^{1/N} = R(-\theta)&\begin{pmatrix} \exp\left(i\dfrac{\alpha}{2N}\right) & 0 \\ 0 & \exp\left(-i\dfrac{\alpha}{2N}\right) \end{pmatrix}R(\theta-\phi) \\ \times &\begin{pmatrix} \exp\left(i\dfrac{\beta}{2N}\right) & 0 \\ 0 & \exp\left(-i\dfrac{\beta}{2N}\right) \end{pmatrix}R(\phi) \qquad (\text{C.27})\end{aligned}$$

によって求めることができる. 十分大きな N に対して, α と β の 2 次以上の項を無視すると, 上の行列は

C.2 偏光素子とジョーンズ行列

$$T_\alpha^{1/N} T_\beta^{1/N} = R(-\phi) \begin{pmatrix} 1 + \dfrac{i\gamma}{2N} & 0 \\ 0 & 1 - \dfrac{i\gamma}{2N} \end{pmatrix} R(\phi) \quad \text{(C.28)}$$

$$\phi = \frac{1}{2}\tan^{-1}\left(\frac{\alpha \sin 2\theta + \beta \sin 2\phi}{\alpha \cos 2\theta + \beta \cos 2\phi}\right) \quad \text{(C.29)}$$

$$\gamma = \{\alpha^2 + \beta^2 + 2\alpha\beta \cos[2(\theta-\phi)]\}^{1/2} \quad \text{(C.30)}$$

のように対角化できるので，これらの ϕ と γ を用いて，

$$T = R(-\phi) \begin{pmatrix} \exp\left(i\dfrac{\gamma}{2}\right) & 0 \\ 0 & \exp\left(-i\dfrac{\gamma}{2}\right) \end{pmatrix} R(\phi) \quad \text{(C.31)}$$

と表すことができる．すなわち，二つの効果が同時に生じることにより，結果として (C.29) で与えられる角度 ϕ の方向に (C.30) で与えられる位相遅れ γ を持つこととなる．

付録 D

結 晶 光 学

ここでは，結晶光学の基本について簡単に記す．以下では，媒質は非磁性体であるとし透磁率は μ_0 とする．

D.1 誘電率テンソル

等方的な媒質では，電場に比例する線形な電束密度 D は，電場 E と同じ方向を向くので，

$$D = \varepsilon E \tag{D.1}$$

における誘電率 ε は，スカラーとなる．しかし，結晶などの媒質では，一般にはその性質は等方的ではないので，(D.1) における ε は 2 階のテンソルとなる．2 階のテンソルは，3×3 の行列を用いて，

$$\varepsilon = \begin{pmatrix} \varepsilon_{11} & \varepsilon_{12} & \varepsilon_{13} \\ \varepsilon_{21} & \varepsilon_{22} & \varepsilon_{23} \\ \varepsilon_{31} & \varepsilon_{32} & \varepsilon_{33} \end{pmatrix} \tag{D.2}$$

のように表すことができる．添字の $1, 2, 3$ は，それぞれ x, y, z と同じ意味である．このとき，

$$\begin{pmatrix} D_x \\ D_y \\ D_z \end{pmatrix} = \begin{pmatrix} \varepsilon_{11} & \varepsilon_{12} & \varepsilon_{13} \\ \varepsilon_{21} & \varepsilon_{22} & \varepsilon_{23} \\ \varepsilon_{31} & \varepsilon_{32} & \varepsilon_{33} \end{pmatrix} \begin{pmatrix} E_x \\ E_y \\ E_z \end{pmatrix} \tag{D.3}$$

あるいは，

$$D_i = \sum_j \varepsilon_{ij} E_j \tag{D.4}$$

となる．なお，(D.4) において $\sum_j$ を省略して

$$D_i = \varepsilon_{ij} E_j \tag{D.5}$$

のように書き，右辺に重複して現れる添字については和を取ることとする**アインシュタイン記法**（Einstein notation）が用いられることも多いが，本書では用いない．光学活性がある媒質を除き，誘電率テンソルは常に**対称テンソル**，すなわち

$$\varepsilon_{ij} = \varepsilon_{ji} \tag{D.6}$$

である．

対称テンソルは，適当な座標軸の変換によって対角化することができる．これを**主軸変換**という．このときには，

$$\varepsilon_{ij} = \delta_{ij} \varepsilon_{ii} \tag{D.7}$$

となる．

D.2　結晶を伝搬する光

　一般に結晶などの異方性のある媒質においては，電磁波が感じる屈折率が方向によって異なったり，電場と分極の振動方向が異なったりすることが起きる．また，電磁波の波数の方向とポインティングベクトルの方向も一般には異なる．

　いま，電場 E，分極 P，磁場 H の進行方向が単位ベクトル s であるとすると，これらの時間と位置に対する依存性は，因子

$$\exp\left\{i\omega\left[\frac{n}{c}(\boldsymbol{s}\cdot\boldsymbol{r}) - t\right]\right\} \tag{D.8}$$

で表される.ただし n は,屈折率であり,その電磁波の位相速度 v_p と

$$v_\mathrm{p} = \frac{c}{n} \tag{D.9}$$

の関係を持つ.これより,マクスウェル方程式

$$\nabla \times \boldsymbol{E} = -\mu_0 \frac{\partial \boldsymbol{H}}{\partial t} \tag{D.10}$$

$$\nabla \times \boldsymbol{H} = \frac{\partial \boldsymbol{D}}{\partial t} \tag{D.11}$$

において空間微分と時間微分は,それぞれ

$$\nabla \to i\omega \frac{n}{c} \boldsymbol{s} \tag{D.12}$$

$$\frac{\partial}{\partial t} \to -i\omega \tag{D.13}$$

のようにおきかえることができ,その結果,

$$\boldsymbol{H} = \frac{n}{\mu_0 c} \boldsymbol{s} \times \boldsymbol{E} \tag{D.14}$$

$$\boldsymbol{D} = -\frac{n}{c} \boldsymbol{s} \times \boldsymbol{H} \tag{D.15}$$

が得られる.この式から,電磁波の進行方向と磁場,進行方向と分極,電場と磁場,磁場と分極は,互いに直交することがわかるが,進行方向と電場は必ずしも直交しないし,電場と分極は必ずしも同方向にならない.(D.14) を (D.15) に代入することにより,

$$\boldsymbol{D} = -\frac{1}{\mu_0} \frac{n^2}{c^2} \boldsymbol{s} \times (\boldsymbol{s} \times \boldsymbol{E}) \tag{D.16}$$

が得られる.ここで,$c = 1/\sqrt{\varepsilon_0\mu_0}$ であることと,ベクトル演算に関する恒等式

$$\boldsymbol{s} \times (\boldsymbol{s} \times \boldsymbol{E}) = \boldsymbol{s}(\boldsymbol{s}\cdot\boldsymbol{E}) - (\boldsymbol{s}\cdot\boldsymbol{s})\boldsymbol{E} \tag{D.17}$$

を用い,さらに

D.2 結晶を伝搬する光

$$s \cdot s = 1 \tag{D.18}$$

を用いると，

$$\boxed{D = \varepsilon_0 n^2 [E - s(s \cdot E)]} \tag{D.19}$$

が得られる．

いま，誘電率テンソルが対角化されているとすると，

$$\varepsilon = \begin{pmatrix} \varepsilon_{11} & 0 & 0 \\ 0 & \varepsilon_{22} & 0 \\ 0 & 0 & \varepsilon_{33} \end{pmatrix} = \varepsilon_0 \begin{pmatrix} n_1^2 & 0 & 0 \\ 0 & n_2^2 & 0 \\ 0 & 0 & n_3^2 \end{pmatrix} = \varepsilon_0 \begin{pmatrix} n_x^2 & 0 & 0 \\ 0 & n_y^2 & 0 \\ 0 & 0 & n_z^2 \end{pmatrix} \tag{D.20}$$

と表される．このとき，(D.19) に (D.3) を代入して，各成分に対する式から，

$$(n^2 - n_x^2)E_x = n^2 s_x (s \cdot E) \tag{D.21}$$

$$(n^2 - n_y^2)E_y = n^2 s_y (s \cdot E) \tag{D.22}$$

$$(n^2 - n_z^2)E_z = n^2 s_z (s \cdot E) \tag{D.23}$$

が得られる．このそれぞれに，$(n^2 - n_y^2)(n^2 - n_z^2)s_x$，$(n^2 - n_z^2)(n^2 - n_x^2)s_y$，$(n^2 - n_x^2)(n^2 - n_y^2)s_z$ を乗じて和を取ることで，

$$\begin{aligned}
&(n^2 - n_x^2)(n^2 - n_y^2)(n^2 - n_z^2) \\
&= n^2 [s_x^2(n^2 - n_y^2)(n^2 - n_z^2) + s_y^2(n^2 - n_z^2)(n^2 - n_x^2) + s_z^2(n^2 - n_x^2)(n^2 - n_y^2)]
\end{aligned} \tag{D.24}$$

が得られる．$s_x^2 + s_y^2 + s_z^2 = 1$ であるので，この式は n^2 に関する 2 次方程式となり，一般に二つの解を持つ．（n^2 のそれぞれの解に対して n は正負の値を持つが，これはそれぞれ s と $-s$ の方向に伝搬する波を表す．）すなわち，伝搬方向 s が与えられると，それに対して二つの電磁波があることが示された．なお，(D.24) の代わりに，両辺を $n^2(n^2 - n_x^2)(n^2 - n_y^2)(n^2 - n_z^2)$ で割って

$$\frac{s_x^2}{n^2 - n_x^2} + \frac{s_y^2}{n^2 - n_y^2} + \frac{s_z^2}{n^2 - n_z^2} = \frac{1}{n^2} \tag{D.25}$$

が得られる．また，この右辺が，

$$\frac{1}{n^2} = \frac{1}{n^2}(s_x^2 + s_y^2 + s_z^2) \tag{D.26}$$

と表されることを利用して，左辺より減ずると，

$$\frac{n_x^2}{n^2 - n_x^2}s_x^2 + \frac{n_y^2}{n^2 - n_y^2}s_y^2 + \frac{n_z^2}{n^2 - n_z^2}s_z^2 = 0 \tag{D.27}$$

あるいは，

$$\frac{s_x^2}{n^{-2} - n_x^{-2}} + \frac{s_y^2}{n^{-2} - n_y^{-2}} + \frac{s_z^2}{n^{-2} - n_z^{-2}} = 0 \tag{D.28}$$

が得られる．これらの式を**フレネルの式** (Fresnel equation) という．フレネルの式を用いると，電磁波の伝搬方向が与えられたときに，その伝搬方向に対する二つの屈折率を求めることができる．

D.3　位相速度と光線速度

上で用いた s は，光の波面の進む方向，すなわち位相速度の方向を表し，それは波面に垂直な方向である．それに対し光のエネルギーの流れは，ポインティングベクトル

$$S = E \times H \tag{D.29}$$

で表される．ポインティングベクトルの方向の単位ベクトルを t とすると，

$$t = \frac{E \times H}{|E \times H|} \tag{D.30}$$

である．図 D.1 からわかるように，s と t とは一般に異なり，s と t との間の角度 ρ は，E と D との間の角度と一致する．光のエネルギーの進む速度，すなわち**光線速度** (ray velocity) を定義することができるが，これは，t の方向を向いている．

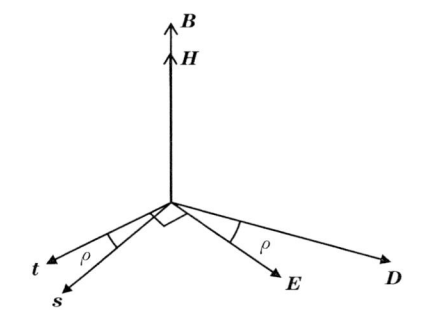

図 D.1 波面の進行方向 s と光線の進行方向 t

D.4 屈折率楕円体

電束密度 D と電場 E との関係

$$D_i = \sum_j \varepsilon_{ij} E_j \tag{D.31}$$

を逆転させて，

$$E_i = \sum_j B_{ij} D_j \tag{D.32}$$

のように表したとき，B_{ij} を，**逆誘電率テンソル** (impermeability tensor) という．B_{ij} と ε_{ij} を行列と考えたとき，B_{ij} は ε_{ij} の逆行列である．誘電率テンソルは対称テンソルであるので，逆誘電率テンソルも対称テンソルになる．

いま主軸変換によって，逆誘電率テンソルが対角化されているとすると，逆誘電率テンソルは，

$$B = \begin{pmatrix} \dfrac{1}{\varepsilon_{11}} & 0 & 0 \\ 0 & \dfrac{1}{\varepsilon_{22}} & 0 \\ 0 & 0 & \dfrac{1}{\varepsilon_{33}} \end{pmatrix} = \varepsilon_0^{-1} \begin{pmatrix} \dfrac{1}{n_x^2} & 0 & 0 \\ 0 & \dfrac{1}{n_y^2} & 0 \\ 0 & 0 & \dfrac{1}{n_z^2} \end{pmatrix} \tag{D.33}$$

あるいは，

$$B_{ij} = \frac{\delta_{ij}}{\varepsilon_0 n_i^2} \tag{D.34}$$

となる.ここで,n_i は,それぞれの主軸方向の屈折率であり,**主屈折率** (principal refractive index) と呼ばれる.また,$\varepsilon_0 B_{ij}$ を**屈折率テンソル** (index tensor) ということがあるが,これは

$$\left[\left(\frac{1}{n^2}\right)\right] = \begin{pmatrix} \dfrac{1}{n_x^2} & 0 & 0 \\ 0 & \dfrac{1}{n_y^2} & 0 \\ 0 & 0 & \dfrac{1}{n_z^2} \end{pmatrix} \tag{D.35}$$

または,

$$\left(\frac{1}{n^2}\right)_{ij} = \frac{\delta_{ij}}{n_i^2} \tag{D.36}$$

のように表される.なお,ガウス単位系などの $\varepsilon_0 = 1$ の単位系では,逆誘電率テンソルと屈折率テンソルは同じになるので,一般に,これらは区別なく用いられることが多い.

一般に対称テンソル T_{ij} に対して,

$$\sum_{ij} T_{ij} x_i x_j = 1 \tag{D.37}$$

で表される 2 次曲面が定義できる.屈折率テンソルでは,すべての主屈折率が正であるので,これは楕円体となる.屈折率テンソルに対して

$$\sum_{ij} \left(\frac{1}{n^2}\right)_{ij} x_i x_j = 1 \tag{D.38}$$

のように定義された 2 次曲面を**屈折率楕円体** (index ellipsoid または optical indicatrix) という.主軸変換した座標系を用いると,屈折率楕円体は,

$$\frac{x^2}{n_x^2} + \frac{y^2}{n_y^2} + \frac{z^2}{n_z^2} = 1 \tag{D.39}$$

D.4 屈折率楕円体

と書けるので，これは3つの直交する軸の半径がそれぞれ n_x, n_y, n_z の楕円体である．

屈折率楕円体を用いると，結晶中を伝搬する光の速度や電束密度の振動方向を，幾何学的に表すことができる．光の進行方向を表す単位ベクトル s と垂直で原点を含む平面

$$s_1 x + s_2 y + s_3 z = 0 \tag{D.40}$$

が屈折率楕円体表面を切る線は，楕円になる．図 D.2 に示すように，この楕円の長軸と短軸の長さが，方向 s に進行する電磁波の二つの屈折率を表し，また長軸と短軸の方向が，それぞれの電磁波の電束密度の振動方向となる．

三つの主屈折率がすべて等しい媒質は，**等方性** (isotropic) 媒質と呼ばれ，どの進行方向，振動方向に対しても屈折率は等しい．三つの主屈折率のうち二つだけが等しい媒質を **1 軸性** (uniaxial) 媒質という．三つの主屈折率がすべて異なる媒質は，**2 軸性** (biaxial) 媒質と呼ばれる．1 軸性および 2 軸性媒質は，複屈折性 (birefringence) を有する．結晶を七つの晶系 (crystal system) に分類し

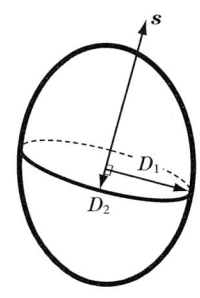

図 D.2 屈折率楕円体．電束密度 D の 2 つのモードは，光の進行方向 s に垂直な楕円の長軸と短軸で表される．

表 D.1 結晶の晶系，それに含まれる結晶群と複屈折性

晶系	結晶群	複屈折性
立方晶系 (cubic)	m3m, $\bar{4}$3m, 432, m3, 23	等方性
六方晶系 (hexagonal)	6/mmm, $\bar{6}$m2, 6mm, 622, 6/m, $\bar{6}$, 6	1 軸性
三方晶系 (rhombohedral)	$\bar{3}$m, 3m, 32, $\bar{3}$, 3	
正方晶系 (tetragonal)	4/mmm, $\bar{4}$2m, 4mm, 422, 4/m, $\bar{4}$, 4	
斜方晶系 (orthorhombic)	mmm, mm2, 222	2 軸性
単斜晶系 (monoclinic)	2/m, m, 2	
三斜晶系 (triclinic)	$\bar{1}$, 1	

たとき，それぞれの晶系に属する結晶は，表 D.1 のような複屈折性を示す．また液体や気体，ガラスなどは等方性媒質である．

D.5　1軸性結晶

1軸性結晶において，一つだけ異なる主屈折率を持つ軸を**光学軸**（optical axis）という．いま，$n_\mathrm{o} \equiv n_1 = n_2$, $n_\mathrm{e} \equiv n_3$ とする．光学軸に対して角度 θ の方向に進行する光について考えよう．これらを (D.24) に代入することにより，二つの屈折率が求まるが，そのうちの一つは，θ によらず n_o に等しく，もう一方の屈折率を $n_\mathrm{e}(\theta)$ とすると，これは

$$\frac{1}{[n_\mathrm{e}(\theta)]^2} = \frac{\cos^2\theta}{n_\mathrm{o}^2} + \frac{\sin^2\theta}{n_\mathrm{e}^2} \tag{D.41}$$

で与えられる．前者は，進行方向によらず一定であることより**常光線**（ordinary wave）と呼ばれ，後者は**異常光線**（extraordinary wave）と呼ばれる．常光線の電束密度の振動方向は，進行方向と光学軸のどちらにも直交する方向であり，異常光線の電束密度の振動方向は，常光線の振動方向と進行方向のどちらにも直交する方向である．異常光線の屈折率を表す上の式は，極座標表示での楕円の式であるので，$n_\mathrm{e}(\theta)$ は，図 D.3 のように，図形を用いて表すことができる．すなわち，光学軸に対して角度 θ で進行する光の異常光線の屈折率 $n_\mathrm{e}(\theta)$ は，長軸（負の1軸性の場合）の長さが n_o，短軸が n_e の楕円と，長軸と角度 θ を成す直線との交点から原点までの長さで与えられる．それに対して，常光線の屈折率は常に

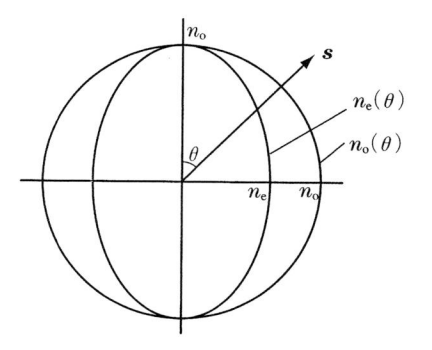

図 D.3　負の1軸性結晶における光の波面の進行方向と，常光線，異常光線の屈折率．

n_o であるので,これは半径 n_o の円によって表すことができる.

　光学軸の方向に進行する光では,二つの屈折率が一致するので,複屈折性がなくなる.$n_e > n_o$ である媒質を正(positive)の1軸性媒質といい,$n_e < n_o$ である媒質を負(negative)の1軸性媒質という.

　複屈折媒質では,異常光線の波の進行方向すなわち波数ベクトルの方向と,光線の進行方向すなわちエネルギーの進む方向(これはポインティングベクトルの方向に等しい)とは,一般には異なる.それに対して常光線では,光線の進行方向は波数ベクトルと一致する.その結果,同じ波数ベクトルを持つ常光線と異常光線が,有限のビームサイズで複屈折媒質に入射すると,媒質中を伝搬するに従って,ビームの空間的なずれが生じる.これを**ウォーク**

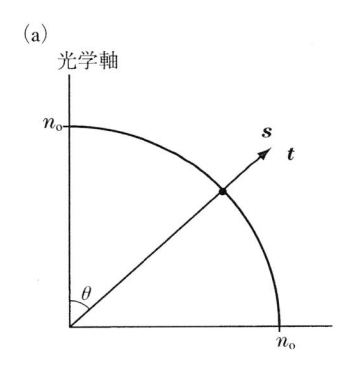

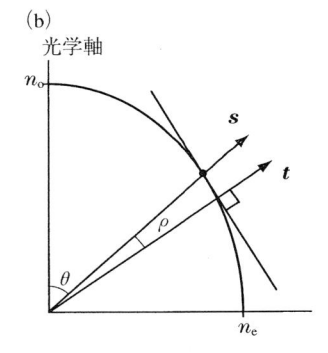

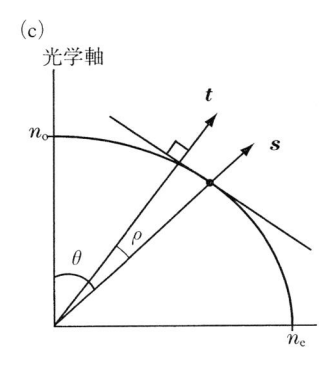

図 D.4 ウォークオフ効果. (a) 等方性, (b) 負の1軸性, および (c) 正の1軸性の媒質における,常光線 (s) と異常光線 (t) のエネルギーの進行方向.

オフ効果 (walk-off effect) という．

1軸性媒質では，図D.4に示すように光線の進行方向 t は，波数ベクトル s と屈折率楕円体との交点で屈折率楕円体に接する線に，垂直になる．常光線と異常光線の進行方向の間の角をウォークオフ角 (walk-off effect, walk-off angle) という．光学軸に対する波数ベクトルの角度を θ としたとき，ウォークオフ角 ρ は，

$$\tan(\theta \pm \rho) = \pm \frac{n_\mathrm{o}^2}{n_\mathrm{e}^2} \tan\theta \tag{D.42}$$

の関係を満たす．ただし，この式で '+' は負の1軸性，'−' は正の1軸性媒質の場合に用いられる．この関係は，

$$\tan\rho = \frac{[n_\mathrm{e}(\theta)]^2}{2}\left(\frac{1}{n_\mathrm{e}^2} - \frac{1}{n_\mathrm{o}^2}\right)\sin 2\theta \tag{D.43}$$

のようにも表される．ウォークオフ角は，$\theta = \pi/4$ のときに最大になるが，そのときの典型的な大きさは数度程度である．

付録 E
ガウス単位系と静電単位

　本書では，国際単位系 (SI; Système International d'Unités) である MKSA 単位系を用いているが，非線形光学の分野では，非線形感受率などが **静電単位** (esu; electrostatic units) で表されることも多い．静電単位は，**CGS 静電単位系**や**ガウス単位系** (Gaussian units) において，電気的諸量を表すのに用いられる．これらの単位系では，それぞれの物理量に対して独自の単位を明示することは一般的でなく，単に "esu" と記すことで，その物理量が，CGS 静電単位系で表したものであることを示す．ガウス単位系は，CGS 単位系の一種であるが，電気的な諸量には静電単位を，磁気的な諸量には電磁単位 (electromagnetic units) を用いることで磁気的な量と電気的な量の扱いを対称的にしたもので，CGS 単位系のなかでは最もよく用いられる．

　そこで，ここではガウス単位系を用いて，静電単位での諸量について見ておこう．

　ガウス単位系では，マクスウェル方程式は，真空中の光速 $c = 2.99792458 \times 10^{10}\,\mathrm{cm/s}$ を使って

$$\nabla \times E = -\frac{1}{c}\frac{\partial B}{\partial t} \tag{E.1}$$

$$\nabla \times B = \frac{1}{c}\frac{\partial D}{\partial t} \tag{E.2}$$

$$\nabla \cdot D = 0 \tag{E.3}$$

$$\nabla \cdot B = 0 \tag{E.4}$$

と表され,真空の誘電率 ε_0 と透磁率 μ_0 は

$$\varepsilon_0 = 1 \tag{E.5}$$

$$\mu_0 = 1 \tag{E.6}$$

である.電束密度と磁束密度は,それぞれ

$$D = E + 4\pi P = \varepsilon E \tag{E.7}$$

$$B = H - 4\pi M = \mu H \tag{E.8}$$

と表される.ここで M は磁化である.また感受率 χ が,

$$P = \chi E \tag{E.9}$$

から定義される.これらから,以下のような関係が成り立つ.

$$\varepsilon = 1 + 4\pi\chi \tag{E.10}$$

$$1 + 4\pi\chi' = n^2 - \kappa^2 \tag{E.11}$$

$$2\pi\chi'' = n\kappa \tag{E.12}$$

ただし,n は屈折率,κ は消衰係数である.

エネルギーの流れを表すポインティングベクトル S は,

$$S = \frac{c}{4\pi} E \times H \tag{E.13}$$

と表されるので,光電場

$$E(t) = \frac{1}{2} E^{(\omega)} \exp[i(\boldsymbol{k} \cdot \boldsymbol{r} - \omega t)] + \text{c.c.} \tag{E.14}$$

に対して,光の強度 I は,

$$I = |\bar{S}| = \frac{1}{8\pi} cn |E^{(\omega)}|^2 \tag{E.15}$$

と表される.これらより,

表 E.1 ガウス単位系における電磁気学諸量. ここで, c は $c = 2.99792458 \times 10^{10}$ の数値とする.

物理量	ガウス単位系	SI
ε_0	1	$1/(4\pi c^2) \times 10^{11}\,\text{F/m} \cong 8.85 \times 10^{-12}\,\text{F/m}$
μ_0	1	$4\pi \times 10^{-7}\,\text{H/m} \cong 1.26 \times 10^{-6}\,\text{H/m}$
電荷	1 statcoulomb	$= \dfrac{1}{c} \times 10\,\text{C} \cong 3.3 \times 10^{-10}\,\text{C}$
電流	1 statcoulomb/s	$= \dfrac{1}{c} \times 10\,\text{A} \cong 3.3 \times 10^{-10}\,\text{A}$
電位	1 statvolt	$= c \times 10^{-8}\,\text{V} \cong 300\,\text{V}$
電場	1 statvolt/cm	$= c \times 10^{-6}\,\text{V/m} \cong 3 \times 10^{4}\,\text{V/m}$
磁場	1 oersted	$= 1000/(4\pi)\,\text{A/m} \cong 79.6\,\text{A/m}$
磁束密度	1 gauss	$= 10^{-4}\,\text{T}$
力	1 dyn	$= 10^{-5}\,\text{N}$
仕事	1 erg	$= 10^{-7}\,\text{J}$
仕事率	1 erg/s	$= 10^{-7}\,\text{W}$
感受率	1 (無次元)	$= 4\pi$ (無次元)
$\chi^{(2)}$	1 esu	$= \dfrac{4\pi}{c} \times 10^{6}\,\text{m/V} \cong \dfrac{4\pi}{3} \times 10^{-4}\,\text{m/V}$
$\chi^{(3)}$	1 esu	$= \dfrac{4\pi}{c^2} \times 10^{12}\,\text{m}^2/\text{V}^2 \cong \dfrac{4\pi}{9} \times 10^{-8}\,\text{m}^2/\text{V}^2$
$\chi^{(n)}$	1 esu	$= 4\pi/(c \times 10^{-6})^{n-1}\,(\text{m/V})^{n-1}$ $\cong (4\pi/3^{n-1}) \times 10^{-4(n-1)}\,(\text{m/V})^{n-1}$

$$n = n_0 + n_2 I \tag{E.16}$$

で定義される非線形屈折率 n_2 は,

$$n_2 = \frac{12\pi^2}{cn^2}\text{Re}\{\chi^{(3)}\} \tag{E.17}$$

のように3次の非線形感受率と関係づけられる. 表 E.1 に, ガウス単位系と MKSA 単位系における諸量の換算法を示した.

なお, 光強度や電場などによく用いられる, W/cm^2 や V/cm などの単位は, MKSA 単位系の単位でも CGS 単位系の単位でもなく, 実用単位の一種である.

付録 F
非線形感受率のさまざまな定義

　ここでは，さまざまな文献で目にする可能性のある非線形感受率の定義や，その他の表式に影響を与える可能性のあるいくつかの問題について記す．

　本書では，非線形感受率 $\chi^{(n)}$ を，
$$P(t) = \varepsilon_0 \{\chi E(t) + \chi^{(2)}[E(t)]^2 + \chi^{(3)}[E(t)]^3 + \cdots\} \quad (\text{F}.1)$$
のように定義している．これ以外に，
$$P(t) = \varepsilon_0 \chi E(t) + \chi^{(2)}[E(t)]^2 + \chi^{(3)}[E(t)]^3 + \cdots \quad (\text{F}.2)$$
という定義が用いられる場合があり，本書の定義とは因子 ε_0 の違いが生じる．もちろん $\varepsilon_0 = 1$ のCGS単位系を用いた場合は，両者に違いはない．

　また，電場と分極のそれぞれの周波数成分の間で
$$P^{(\sum_i \omega_i)} = \varepsilon_0 \chi^{(n)} E^{(\omega_1)} \cdots E^{(\omega_n)} \quad (\text{F}.3)$$
または，
$$P^{(\sum_i \omega_i)} = \chi^{(n)} E^{(\omega_1)} \cdots E^{(\omega_n)} \quad (\text{F}.4)$$
のような関係式を用いる場合もある．このような表式は，特定の非線形光学過程だけを議論する場合には大きな問題を生じないが，縮退因子を考慮していないので，非線形光学過程の種類によって，非線形感受率の値が異なることになる．このような表式を用いることは正しくないので，できるだけ避けるべきである．

付録F　非線形感受率のさまざまな定義

電場や分極の振幅 $E^{(\omega)}$, $P^{(2\omega)}$ の定義として，本書で用いている

$$E(t) = \frac{1}{2} E^{(\omega)} \exp(-i\omega t) + \text{c.c.} \tag{F.5}$$

ではなく

$$E(t) = E^{(\omega)} \exp(-i\omega t) + \text{c.c.} \tag{F.6}$$

などを用いるやり方がある．この表式を用いると，$E^{(\omega)}$ は角周波数 ω と $-\omega$ の成分を別々に考えたときの ω の成分の振幅を表すことになり，電場振幅と非線形分極の振幅を関連づける表式に現れる因子 $2^{(n-1)}$（n は，非線形光学過程の次数）がなくなって，すっきりした形になる．本書の表式に比較すると，この因子だけの相違が生じる．また，この場合，直流成分の振幅をどのように表すかについても 2 通りあるので，さらに注意が必要である．

非線形光学係数 d の定義として，本書で用いている

$$d \equiv \frac{1}{2} \chi^{(2)} \tag{F.7}$$

の代わりに

$$d \equiv \frac{1}{2} \varepsilon_0 \chi^{(2)} \tag{F.8}$$

が用いられることもある．この場合は，(2.18) は

$$P^{(2\omega)} = d [E^{(\omega)}]^2 \tag{F.9}$$

となる．$\varepsilon_0 = 1$ であるような CGS 単位系では，両者に違いはない．

3.4.1 項に記したように，非線形屈折率の定義には，

$$n = n_0 + n_2 I \tag{F.10}$$

と

$$n = n_0 + n_2 |E|^2 \tag{F.11}$$

の 2 種類が用いられる．さらに後者の定義が用いられる場合には，電場振幅 $|E|$ が (F.5) と (F.6) のどちらによって定義されているかも考慮しなければならない．

非線形光学関連の知識をより深く学びたい読者のために

[1]　M. Born and E. Wolf: *Principles of Optics*, 7th ed. (Cambridge University Press, Cambridge, 1999), 草川 徹 訳:「光学の原理Ⅰ」(東海大学出版会, 2005), 草川 徹 訳:「光学の原理Ⅱ」(東海大学出版会, 2006), 草川 徹 訳:「光学の原理Ⅲ」(東海大学出版会, 2006).

[2]　N. Bloembergen: *Nonlinear Optics*, 4th ed. (World Scientific, Singapore, 1996).

[3]　F. Zernike and J.E. Midwinter: *Applied Nonlinear Optics* (Wiley, New York, 1973).

[4]　Y.R. Shen: *The Principles of Nonlinear Optics* (Wiley, New York, 1984).

[5]　M. D. Levenson and S. S. Kano: *Introduction to Nonlinear Laser Spectroscopy*, Rev. ed. (Academic Press, London, 1988) 宅間 宏 監訳, 狩野 覚, 狩野秀子 共訳:「非線形レーザー分光学」(オーム社, 1988).

[6]　P. N. Butcher and D. Cotter: *The Element of Nonlinear Optics* (Cambridge University Press, Cambridge, 1990).

[7]　E.G. Sauter: *Nonlinear Optics* (Wiley, New York, 1996).

[8]　小林孝嘉 編著:「非線形光学計測」(学会出版センター, 1996).

[9]　A. Yariv: *Optical Electronics in Modern Communications*, 5th ed. (Oxford University Press, Oxford, 1997).

[10]　D.L. Mills: *Nonlinear Optics: Basic Concepts*, 2nd ed. (Springer, Berlin, 1998), D.L. ミルズ 著, 小林孝嘉 訳:「非線型光学の基礎」(シュプリンガー・ジャパン, 2008).

[11]　G.P. Agrawal: *Nonlinear Fiber Optics*, 3rd ed. (Academic Press, Lodon, 2001), G.P. アグラワール 著, 小田垣 孝, 山田興一 訳:「非線形ファイバー光学」(吉岡書店, 1997).

[12]　R.L. Sutherland ed.：*Handbook of Nonlinear Optics*, 2nd ed.(Marcel Dekker, New York, 2003).

[13]　R.W. Boyd：*Nonlinear Optics*, 3rd ed.(Academic Press, London, 2008).

[14]　黒澤 宏 著：「入門まるわかり非線形光学」(オプトロニクス社, 2008).

[15]　黒田和男 著：「非線形光学」(コロナ社, 2008).

章末問題解答

第1章

[1] (a) 500 nm, 333 nm, 250 nm. このうち可視光は，500 nm.
    (b) 600 nm, 400 nm, 300 nm. このうち可視光は，600 nm と 400 nm.

[2] 入射光の電場を

$$E(t) = \frac{1}{2}[E_1 \exp(-i\omega_1 t) + E_2 \exp(-i\omega_2 t)] + \text{c.c.}$$

とすると，第2高調波と和周波の2次の分極は，

$$P^{(2)}(t) = \frac{1}{2}\left[\frac{\varepsilon_0}{2}\chi^{(2)}E_1^2 \exp(-2i\omega_1 t) + \varepsilon_0 \chi^{(2)}E_1 E_2 \exp[-i(\omega_1 + \omega_2)t]\right.$$
$$\left. + \frac{\varepsilon_0}{2}\chi^{(2)}E_2^2 \exp(-2i\omega_2 t)\right] + \text{c.c.}$$

となる．ここで $\omega_2 \to \omega_1$ としたときには，光電場は

$$E(t) = \frac{1}{2}(E_1 + E_2)\exp(-i\omega_1 t) + \text{c.c.}$$

となるのに対して，分極は，上式から以下のようになる．

$$P^{(2)}(t) = \frac{1}{2}\left[\frac{\varepsilon_0}{2}\chi^{(2)}(E_1 + E_2)^2 \exp(-2i\omega_1 t)\right] + \text{c.c.}$$

これは，初めから単色波を仮定した結果と一致し，感受率の連続性を示す．

第2章

(1) $\lambda_1 = 1\,\mu\text{m}$ と $\lambda_2 = 1.2\,\mu\text{m}$ に対して，和周波の光の波長を λ_S とすると，

$$\frac{1}{\lambda_S} = \frac{1}{\lambda_1} + \frac{1}{\lambda_2}$$

より，$\lambda_S = 545\,\text{nm}$ である．波長 $1\,\mu\text{m}$，$1.2\,\mu\text{m}$，和周波の屈折率をそれぞれ n_1, n_2, n_S とすると，位相整合条件は，

$$\frac{n_1}{\lambda_1} + \frac{n_2}{\lambda_2} = \frac{n_S}{\lambda_S}$$

すなわち，

$$n_1 + \frac{5}{6} n_2 = \frac{11}{6} n_S$$

となる．

（2） $\lambda_1 = 1\,\mu\mathrm{m}$ と $\lambda_2 = 1.2\,\mu\mathrm{m}$ に対して，差周波の光の波長を λ_D とすると，

$$\frac{1}{\lambda_D} = \frac{1}{\lambda_1} - \frac{1}{\lambda_2}$$

より，$\lambda_D = 6\,\mu\mathrm{m}$ である．波長 $1\,\mu\mathrm{m}$，$1.2\,\mu\mathrm{m}$，差周波の屈折率をそれぞれ n_1，n_2，n_D とすると，位相整合条件は，

$$\frac{n_1}{\lambda_1} - \frac{n_2}{\lambda_2} = \frac{n_D}{\lambda_D}$$

すなわち，

$$n_1 - \frac{5}{6} n_2 = \frac{1}{6} n_D$$

となる．

（3） 第2高調波と基本波との和周波で第3高調波を発生できる．第2高調波のさらに第2高調波を発生させることで，第4高調波を発生できる．

第3章

光電場が x 成分 $E_x = E_0$ だけを持っているとき，3次の非線形分極は x 成分のみを持ち，それは $P_x^{(3)} = \varepsilon_0 \chi_{xxxx}^{(3)} E_0^3$ となる．いま，座標軸を θ だけ回転させると，新しい座標軸では電場は $E_x = E_0 \cos\theta$，$E_y = -E_0 \sin\theta$ と表され，非線形分極は，

$$P_x^{(3)} = \varepsilon_0 \sum_{jkl} \chi_{xjkl}^{(3)} E_j E_k E_l$$

$$= \varepsilon_0 E_0^3 \left[\chi_{xxxx}^{(3)} \cos^3\theta + (\chi_{xxyy}^{(3)} + \chi_{xyxy}^{(3)} + \chi_{xyyx}^{(3)}) \cos\theta \sin^2\theta \right]$$

$$P_y^{(3)} = \varepsilon_0 \sum_{jkl} \chi_{yjkl}^{(3)} E_j E_k E_l$$

$$= \varepsilon_0 E_0^3 \left[-\chi_{yyyy}^{(3)} \sin^3\theta - (\chi_{xxyy}^{(3)} + \chi_{xyxy}^{(3)} + \chi_{xyyx}^{(3)}) \cos^2\theta \sin\theta \right]$$

となる．それに対して，上記の $P_x^{(3)} = \varepsilon_0 \chi_{xxxx}^{(3)} E_0^3$ を直接座標変換すると，新しい座標系での分極の x 成分，y 成分はそれぞれ $P_x^{(3)} = \varepsilon_0 \chi_{xxxx}^{(3)} E_0^3 \cos\theta$，$P_y^{(3)} = -\varepsilon_0 \chi_{xxxx}^{(3)} E_0^3 \sin\theta$ となる．よって，それぞれが等しくなるための条件は，$\chi_{xxxx}^{(3)} = \chi_{xxyy}^{(3)} + \chi_{xyyx}^{(3)} + \chi_{xyxy}^{(3)}$ となる．

第4章

4.7節の結果を用いて考察しよう．いま，強い直線偏光または円偏光の光が照射されている媒質に入射する弱い光（プローブ光）の電場を

$$E^{\mathrm{pr}}(t) = \frac{1}{2}\begin{pmatrix} E_x^{\mathrm{pr}} \\ E_y^{\mathrm{pr}} \end{pmatrix} \exp(-i\omega_1 t) + \text{c.c.}$$

とする．励起光が (4.65) で表される直線偏光の場合，(4.69) より，プローブ光と等しい角周波数を持つ3次の非線形分極の振幅は，x成分が

$$P_x = \frac{3}{4}\varepsilon_0\left\{\left(\chi_{xxxx}^{(3)} + \chi_{xyxy}^{(3)}\right)E_x^{\mathrm{pr}} + \left(\chi_{xxyy}^{(3)} + \chi_{xyyx}^{(3)}\right)E_y^{\mathrm{pr}}\right\}|E_0^{\mathrm{p}}|^2$$

y成分が

$$P_y = \frac{3}{4}\varepsilon_0\left\{\left(\chi_{xxyy}^{(3)} + \chi_{xyyx}^{(3)}\right)E_x^{\mathrm{pr}} + \left(\chi_{xxxx}^{(3)} + \chi_{xyxy}^{(3)}\right)E_y^{\mathrm{pr}}\right\}|E_0^{\mathrm{p}}|^2$$

となる．ただしここで，等方的な媒質では，$\chi_{xxyy}^{(3)} = \chi_{yyxx}^{(3)}$ のように添字の x と y をすべて同時に入れ替えたものが等しくなることを利用した．

以上の結果を，励起光によって実効的な誘電率テンソルが，

$$\begin{pmatrix} \Delta\varepsilon_{xx} & \Delta\varepsilon_{xy} \\ \Delta\varepsilon_{yx} & \Delta\varepsilon_{yy} \end{pmatrix}$$

だけ変化している媒質に入射したプローブ光により生じる分極の変化分であると見なすと，

$$\begin{pmatrix} P_x \\ P_y \end{pmatrix} = \begin{pmatrix} \Delta\varepsilon_{xx} & \Delta\varepsilon_{xy} \\ \Delta\varepsilon_{yx} & \Delta\varepsilon_{yy} \end{pmatrix}\begin{pmatrix} E_x^{\mathrm{pr}} \\ E_y^{\mathrm{pr}} \end{pmatrix}$$

と書けるはずであるから，誘電率テンソルの励起光照射による変化分が

$$\begin{pmatrix} \Delta\varepsilon_{xx} & \Delta\varepsilon_{xy} \\ \Delta\varepsilon_{yx} & \Delta\varepsilon_{yy} \end{pmatrix} = \frac{3}{4}\varepsilon_0|E_0^{\mathrm{p}}|^2\begin{pmatrix} \chi_{xxxx}^{(3)} + \chi_{xyxy}^{(3)} & \chi_{xxyy}^{(3)} + \chi_{xyyx}^{(3)} \\ \chi_{xxyy}^{(3)} + \chi_{xyyx}^{(3)} & \chi_{xxxx}^{(3)} + \chi_{xyxy}^{(3)} \end{pmatrix}$$

と求められる．したがって，媒質の誘電率テンソルは対称なままである．また，(1.53) を用いて，媒質を伝搬したのちの電場振幅の，励起光照射による変化を求めると，

$$\begin{pmatrix} \Delta E_x^{\mathrm{pr}} \\ \Delta E_y^{\mathrm{pr}} \end{pmatrix} = \frac{3i\omega_1 L}{8nc}|E_0^{\mathrm{p}}|^2\begin{pmatrix} \chi_{xxxx}^{(3)} + \chi_{xyxy}^{(3)} & \chi_{xxyy}^{(3)} + \chi_{xyyx}^{(3)} \\ \chi_{xxyy}^{(3)} + \chi_{xyyx}^{(3)} & \chi_{xxxx}^{(3)} + \chi_{xyxy}^{(3)} \end{pmatrix}\begin{pmatrix} E_x^{\mathrm{pr}} \\ E_y^{\mathrm{pr}} \end{pmatrix}$$

となるので，ジョーンズ行列は，

$$\begin{pmatrix} 1 & 0 \\ 0 & 1 \end{pmatrix} + \frac{3i\omega_1 L}{8nc}|E_0^{\mathrm{p}}|^2\begin{pmatrix} \chi_{xxxx}^{(3)} + \chi_{xyxy}^{(3)} & \chi_{xxyy}^{(3)} + \chi_{xyyx}^{(3)} \\ \chi_{xxyy}^{(3)} + \chi_{xyyx}^{(3)} & \chi_{xxxx}^{(3)} + \chi_{xyxy}^{(3)} \end{pmatrix}$$

と得られる．ここで，L は媒質の厚さ，n は媒質の屈折率である．ただし，この結果は媒質が十分薄い場合にのみ正しい．

今度は，励起光が (4.66) で表される右回り円偏光の場合についても同様に計算すると，非線形分極の振幅が

$$\begin{pmatrix} P_x \\ P_y \end{pmatrix} = \frac{3}{4}\varepsilon_0|E_0^{\mathrm{p}}|^2 \begin{pmatrix} \chi^{(3)}_{xxxx} + \chi^{(3)}_{xyxy} & i\chi^{(3)}_{xxyy} - i\chi^{(3)}_{xyyx} \\ -i\chi^{(3)}_{xxyy} + i\chi^{(3)}_{xyyx} & \chi^{(3)}_{xxxx} + \chi^{(3)}_{xyxy} \end{pmatrix} \begin{pmatrix} E_x^{\mathrm{pr}} \\ E_y^{\mathrm{pr}} \end{pmatrix}$$

となるので，誘電率テンソルの変化分は

$$\begin{pmatrix} \Delta\varepsilon_{xx} & \Delta\varepsilon_{xy} \\ \Delta\varepsilon_{yx} & \Delta\varepsilon_{yy} \end{pmatrix} = \frac{3}{4}\varepsilon_0|E_0^{\mathrm{p}}|^2 \begin{pmatrix} \chi^{(3)}_{xxxx} + \chi^{(3)}_{xyxy} & i(\chi^{(3)}_{xxyy} - \chi^{(3)}_{xyyx}) \\ -i(\chi^{(3)}_{xxyy} - \chi^{(3)}_{xyyx}) & \chi^{(3)}_{xxxx} + \chi^{(3)}_{xyxy} \end{pmatrix}$$

となり，これは対称ではない．また，ジョーンズ行列も，

$$\begin{pmatrix} 1 & 0 \\ 0 & 1 \end{pmatrix} + \frac{3i\omega_1 L}{8nc}|E_0^{\mathrm{p}}|^2 \begin{pmatrix} \chi^{(3)}_{xxxx} + \chi^{(3)}_{xyxy} & i(\chi^{(3)}_{xxyy} - \chi^{(3)}_{xyyx}) \\ -i(\chi^{(3)}_{xxyy} - \chi^{(3)}_{xyyx}) & \chi^{(3)}_{xxxx} + \chi^{(3)}_{xyxy} \end{pmatrix}$$

となり，これは対称行列ではない．これらの結果は，円偏光の光により媒質に実効的な光学活性が生じていることを示している．

第5章

2.3 節と 2.10.2 項の記述では，局所場補正の効果は無視している．それを考慮すると，各電子がつくる分極と巨視的な（線形）感受率との間に補正因子が入る．その効果が，5.2.2 項で考慮した非線形感受率における局所場補正の効果と同等になり，最終的に得られる (2.61) などの関係は，そのままで正しい．

索　引

ア

アイドラー光　66
アインシュタイン記法　211

イ

1軸性　217
異常光線　218
位相共役波　124
　　――発生　124
位相整合　9
　　――角　48
　　――条件　19
　　温度――　49
　　角度――　49
　　擬――　55
　　タイプⅠ――　48
　　タイプⅡ――　48
　　非臨界――　49
位相速度　189
因果律　194

ウ

ウォークオフ効果　219

エ

SHG（第2高調波発生）5, 25

オ

OHD（光学的ヘテロダイン検出）　112
OPA（光パラメトリック増幅）　25, 66
OPA（光パラメトリック増幅器）　66
OPO（光パラメトリック発振）　67
OPO（光パラメトリック発振器）　67
オームの法則　188
温度位相整合　49

カ

ガウス単位系　221
ガウスビーム　200
角度位相整合　49
過渡的回折格子　120
可飽和吸収体　117
カーレンズ効果　106
感受率　2
　　線形――　9
　　電気――　2, 186
緩包絡波近似　18

キ

擬位相整合　55
基準振動モード　132
基底　179

基本ベクトル　179
逆誘電率テンソル　69, 215
逆ラマン効果　155
逆ラマン散乱　155
吸収係数　192
吸収飽和　94, 117
強度　198
　　――依存屈折率　101
　　飽和――　118
局所場　169
　　――補正因子　170
　　ローレンツの――　169

ク

グイ位相シフト　200
屈折率　190, 192
　　――楕円体　216
　　――テンソル　70, 216
　　強度依存――　101
　　主――　216
　　非線形――　101
　　複素――　191
クラインマンの対称性　36
クラウジウス－モソッティの関係式　169
クラマース－クローニッヒの関係式　194

索引

群屈折率　191
群速度　191

ケ
結晶群　38

コ
光学軸　218
光学的ヘテロダイン検出（OHD）　112
交互禁制律　133
光線速度　214
光波混合　5
　3——　62
　4——　94
コヒーレンス長　20
コヒーレント・ストークス・ラマン散乱（CSRS）　150
コヒーレント反ストークス・ラマン散乱（CARS）　145
コヒーレント・ブリユアン散乱　94
コヒーレント・ラマン散乱　94, 137
固有置換対称性　166
コンフォーカルパラメータ　200

サ
3光子吸収　6
3光波混合　62
差周波発生　5, 25
座標変換　180

シ
4分の波長板　206
CARS（コヒーレント反ストークス・ラマン散乱）　145
CGS静電単位系　221
CSRS（コヒーレント・ストークス・ラマン散乱）　150
時間反転　124
シグナル光　66
自己位相変調　107
自己集束　106
自己周波数シフト　156
自然放出ラマン散乱　131
実効的非線形光学係数　37
実効電場　169
磁場　185
自発的パラメトリック下方変換　66
周期的分極反転　55
縮退因子　97
縮退4光波発生　94
　非——　94
主屈折率　216
縮約表現　36
主軸変換　211
衝撃的誘導ラマン散乱　139
衝撃励起　138
常光線　218
消衰係数　192

ジョーンズ行列　205
ジョーンズベクトル　203
真空のインピーダンス　195
真空の誘電率　186

ス
ストークス　130
　——・ラマン散乱　131
反——　130

セ
静電単位　221
赤外活性　133
摂動法　30
線形応答関数　164
線形感受率　9
線形光学　1
　非——　2
線形分極　9
　非——　10

タ
第2高調波発生（SHG）　5, 25
　電場誘起——　94
　非共軸——　50
第3高調波発生（THG）　94
対称テンソル　211
タイプI位相整合　48
タイプII位相整合　48
多光子吸収　120

多光子蛍光顕微鏡　6
多光子励起　120

チ

超広帯域光発生　108
超分極率　168

テ

dc カー効果　94
THG（第3高調波発生）　94
電荷密度　186
電気感受率　2,186
電気光学サンプリング　88
電気光学定数　71
電気光学変調器　76
電気伝導度　188
電束密度　186
電場　185
──配向ポリマー　41
──誘起第2高調波発生　94
電流密度　186

ト

等方性　217

ニ

2階のテンソル　181
2光子吸収　6,94
──係数　119
2光子励起顕微鏡　120
2軸性　217

2分の波長板　206

ハ

ハイパー・ラマン散乱　138
波動方程式　189
波面補正　124
バランス検出　91
反ストークス　130
──・ラマン散乱　131
反転対称性　10

ヒ

光カーゲート　108
光カー効果　94,101
光カーシャッター　108
光整流　25
光ソリトン　108
光パラメトリック過程　65
光パラメトリック増幅（OPA）　25,66
光パラメトリック増幅器（OPA）　66
光パラメトリック発振（OPO）　67
光パラメトリック発振器（OPO）　67
非共軸第2高調波発生　50
非縮退4光波混合　94
非線形感受率　10
非線形屈折率　101
非線形光学　2

──過程　2
──係数　27
──効果　2
非線形伝搬方程式　17
非線形分極　10
非臨界位相整合　49

フ

フォトリフラクティブ効果　121
フォノン　78
──ポラリトン　80
フォールデッドボックスカース　149
複屈折率　191
ブリユアン散乱　131
コヒーレント・──　94
誘導──　94
フレネルの式　214
分極　1,186
──率　131
線形──　9
分散関係　190

ヘ

偏光板　205

ホ

ポインティングベクトル　196
飽和強度　118
ボックスカース　149
フォールデッド──　149

ハ

ポッケルス効果　25, 68
ポラリトン　79
　フォトン——　80
ポンプ光　66

マ

マンリー-ローの関係式　65

ミ

ミラー則　34

メ

メイカーフリンジ　48

ユ

誘電率　187
　真空の——　186
誘導ブリユアン散乱　94
誘導ラマン過程　137
誘導ラマン散乱　94, 137, 153
誘導ラマン損失　155
誘導ラマン利得　153

ヨ

4光波混合　94

ラ

ラマン活性　133
ラマン散乱　131
　逆——　155
　コヒーレント・——　94, 137
　コヒーレント・ストークス・——（CSRS）　150
　コヒーレント反ストークス・——（CARS）　145
　自然放出——　131
　衝撃的誘導——　139
　ハイパー・——　138
　ストークス・——　131
　反ストークス・——　131
　誘導——　94, 137, 153
ラマンテンソル　133
ラマン不活性　133
ラマン分極率　133
ラマン誘起カー効果　156

レ

レイリー-ウィング散乱　131
レイリー散乱　130
レイリー長　200

ロ

ローレンツの局所場　169
ローレンツ模型　28
ローレンツ-ローレンスの式　170

ワ

和周波発生　5, 24

著者略歴
服部利明（はっとり としあき）

1961 年	埼玉県生まれ
1984 年	東京大学理学部物理学科卒業
1990 年	東京大学大学院理学系研究科物理学専攻博士課程修了，理学博士
1990 年～1991 年	理化学研究所フロンティア研究員，基礎科学特別研究員
1991 年	筑波大学物理工学系助手
1994 年	同講師
2002 年	同助教授
2007 年	筑波大学大学院数理物質科学研究科准教授
2010 年	同教授
2011 年	筑波大学数理物質系教授，現在に至る．
専攻	量子エレクトロニクス

非線形光学入門

2009 年 9 月 25 日　第 1 版 1 刷発行
2014 年 2 月 25 日　第 2 版 1 刷発行
2024 年 4 月 5 日　第 2 版 7 刷発行

検印省略

定価はカバーに表示してあります．

著作者　服 部 利 明
発行者　吉 野 和 浩
発行所　東京都千代田区四番町 8-1
　　　　電話　03-3262-9166（代）
　　　　郵便番号　102-0081
　　　　株式会社　裳 華 房

印刷製本　株式会社デジタルパブリッシングサービス

一般社団法人
自然科学書協会会員

JCOPY　〈出版者著作権管理機構 委託出版物〉
本書の無断複製は著作権法上での例外を除き禁じられています．複製される場合は，そのつど事前に，出版者著作権管理機構（電話 03-5244-5088，FAX 03-5244-5089，e-mail: info@jcopy.or.jp）の許諾を得てください．

ISBN 978-4-7853-2826-9

Ⓒ 服部利明, 2009　　Printed in Japan

光学 【基礎物理学選書 23】

石黒浩三 著　Ａ５判／222頁／定価 3740円（税込）

　私たちの生活の様々な分野に光の特性を利用した各種のデバイスが応用されるようになり，改めて光学の重要性が認識されるようになってきた．
　本書は，伝統的な光学の講義では扱いにくい電磁光学と量子光学のつながりを明確にし，今後の光学の発展の方向を考える基礎となりうるような構成で執筆された入門書．光学の基礎が，平易に，ごまかすことなく，また電磁気学の知識をできるだけ必要としない形で執筆されている．
【主要目次】1. 幾何光学　2. 波動光学の基礎　3. 光学の応用　4. 電磁光学

入門 レーザー

大津元一 著　Ａ５判／198頁／定価 3080円（税込）

　レーザーの専門家ではないが，その知識と技術とが必要とされる学生・技術者のために執筆された入門書．
　過度な理論的厳密さの追求を避け，全体を見渡すことのできる豊かな素養を養うことを目的に，記述に多くの工夫が凝らされている．各章末に演習問題，巻末には解答を収め，読者の学習の便を図った．
【主要目次】0. 勉強する前に　1. 光を閉じ込める：共振器　2. 光と原子を混ぜ合わせる：光と原子　3. 光を増幅する：レーザー増幅器　4. 光を発振させる：レーザー　5. さらに詳しく調べる：レーザーの半古典的理論　6. そしてレーザー装置の実際は：実際のレーザー装置

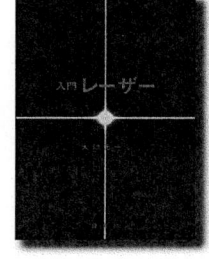

量子光学 【裳華房テキストシリーズ - 物理学】

松岡正浩 著　Ａ５判／226頁／定価 3080円（税込）

　本書では，量子光学を学ぶためにはレーザーとそれ以前の光学も理解しておかなければならないという観点から，幾何光学から波動光学，レーザー，量子光学までを一貫して述べるというユニークな試みを取り入れた．
【主要目次】1. 光の二重性と量子光学　2. 幾何光学と波動光学　3. 物質中の線形光学　―線形感受率と飽和効果　4. レーザー　5. レーザー光の性質，種々のレーザー　6. 非線形光学　7. 非線形相互作用と分光学　8. コヒーレント過渡現象　9. 電磁場の量子化　10. 干渉と相関における量子効果　11. コヒーレント状態とスクイーズド状態　12. 量子力学の検証とEPRパラドックス　13. 量子力学の新しい応用

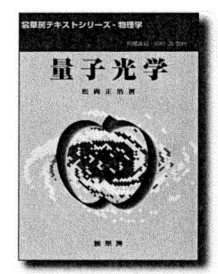

本質から理解する 数学的手法

荒木　修・齋藤智彦 共著　Ａ５判／210頁／定価 2530円（税込）

　大学理工系の初学年で学ぶ基礎数学について，「学ぶことにどんな意味があるのか」「何が重要か」「本質は何か」「何の役に立つのか」という問題意識を常に持って考えるためのヒントや解答を記した．話の流れを重視した「読み物」風のスタイルで，直感に訴えるような図や絵を多用した．
【主要目次】1. 基本の「き」　2. テイラー展開　3. 多変数・ベクトル関数の微分　4. 線積分・面積分・体積積分　5. ベクトル場の発散と回転　6. フーリエ級数・変換とラプラス変換　7. 微分方程式　8. 行列と線形代数　9. 群論の初歩

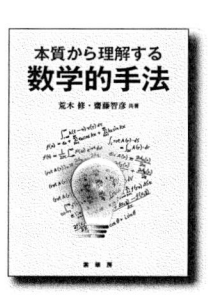

裳華房ホームページ　https://www.shokabo.co.jp/